Ein Leben für die Lokomotive

Meinen Mitarbeitern

Ein Leben für die Lokomotive

Aus den Erinnerungen

eines Dampflokomotiv- und Maschineningenieurs

Von Richard Roosen

Mit 90 Fotos auf 32 Kunstdrucktafeln

und 11 Zeichnungen im Text

Franckh'sche Verlagshandlung Stuttgart

Schutzumschlag gestaltet von Edgar Dambacher nach einem Farbfoto von Helmut Bues (Henschel-Kondenslok Klasse 25 der South African Railways vor dem Oranje-Express bei der Einfahrt in De Aar, Aufnahme 1973).

CIP-Kurztitelaufnahme der Deutschen Bibliothek

Roosen, Richard
Ein Leben für die Lokomotive: aus d. Erinnerungen e. Dampflokomotiv- u. Maschineningenieurs. — Stuttgart : Franckh, 1976.
ISBN 3-440-04309-6

Franckh'sche Verlagshandlung, W. Keller & Co., Stuttgart / 1976 / Alle Rechte, insbesondere das Recht der Vervielfältigung, Verbreitung und Übersetzung, vorbehalten. Kein Teil des Werkes darf in irgendeiner Form (durch Photokopie, Mikrofilm oder ein anderes Verfahren) ohne schriftliche Genehmigung des Verlages reproduziert oder unter Verwendung elektronischer Systeme verarbeitet, vervielfältigt oder verbreitet werden / © 1976, Franckh'sche Verlagshandlung, W. Keller & Co., Stuttgart / Printed in Germany / Imprimé en Allemagne / LH 19 Hä / ISBN 3-440-04309-6 / Druck: Johannes Illig, Buch- und Offsetdruck, Göppingen.

Ein Leben für die Lokomotive

Vorwort

Seit meiner Pensionierung nach 42jähriger Tätigkeit bei der Firma Henschel in Kassel im Jahre 1967 bin ich von Freunden und Fachleuten aus meinen Arbeitsgebieten wiederholt darauf angesprochen worden, einige Erinnerungen aus jahrzehntelanger Entwicklungsarbeit niederzuschreiben. Vornehmlich galt dieser Wunsch meinen Erlebnissen auf dem Gebiete des Lokomotivbaus. Ich habe mich zunächst nicht zu dieser Aufgabe entschließen können, da ich in den folgenden Jahren durch Fortsetzung meiner Vorlesungtätigkeit an der Technischen Hochschule Darmstadt und insbesondere durch meine Mitarbeit in der Studiengesellschaft „Leichtbau der Verkehrsfahrzeuge" nicht im Ruhestand, sondern weiter in einem Unruhestand gelebt habe. Voriges Jahr hat mich nun Herr Alfred B. Gottwaldt, der durch verschiedene lokomotivhistorische Veröffentlichungen hervorgetreten ist, zu einer solchen Niederschrift überredet und zugleich die Verbindung mit der Franckh'schen Verlagshandlung in Stuttgart hergestellt.

Ich bin mir durchaus der Schwierigkeiten bewußt, die eine solche Aufgabe stellt, wenn sie erst viele Jahre nach der aktiven Berufszeit aufgenommen wird. Es ist außerdem nicht einfach, auf wenigen Seiten Aufgaben und Arbeiten zu umreißen, die Jahrzehnte ausgefüllt haben.

Selbst bei einem guten Gedächtnis macht der zeitliche Abstand doch ein entsprechendes Quellenstudium erforderlich, das bei der mir gestellten verhältnismäßig sehr kurzen Frist mit der Niederschrift einhergehen mußte. Hinzu kommt, daß die zahlreichen Aufgaben, mit denen ich während meiner Henschelzeit oft gleichzeitig zu tun hatte, eine Aufschlüsselung nach einzelnen Technikbereichen erforderten. Sie galten ja nicht nur der Eisenbahnmaschinentechnik, sondern überschnitten sich nach Anwendungsgebieten und ihrer Problemstellung vielfältig, müssen aber in ihrer gegenseitigen Abhängigkeit auch dann zur Darstellung kommen, wenn sie nicht unmittelbar zur Lokomotive gehören. Auch wären zur Auffrischung von Eindrücken und technischen Einzelheiten Firmenakten sehr nützlich gewesen, die aber nach meinem Ausscheiden nicht mehr erhalten geblieben sind. Ich habe jedoch versucht, aus dieser Erlebniswelt fundierte Fakten und Daten mit den persönlichen Erinnerungen so zu verbinden, daß ein ziemlich abgerundetes Bild dessen entsteht, wie es, um einer Formulierung von Ranke über das Wesen der Geschichtsschreibung zu folgen, „wirklich gewesen ist".

Daher glaube ich, daß die Erinnerungen aus einem ausgefüllten und erfüllten Ingenieurleben dem Leser doch einen guten Einblick gewähren, wie manche technischen Neuerungen entstanden sind, wie sie zum Erfolg geführt, ja, oft durchgekämpft wurden, und zur Bereicherung der Technik ihrer Zeit beigetragen haben, zumal sie von einem Autor verfaßt sind, „der dabei war" und die Motive, Ziele, die aufgetretenen Probleme und ihre Bewältigung aus eigenem Miterleben kennt.

Richard Roosen

I. Einleitung

Jugend und Ingenieurstudium. Eintritt in das Berufsleben. Die Lokomotivfabrik Henschel in den zwanziger Jahren

Erinnerungen können nicht nur sachgebunden wiedergegeben werden. Sie schließen naturgemäß auch den eigenen Werdegang ein. Ich wurde am 13. Oktober 1901 in Hamburg geboren. An den Anfang dieser Aufzeichnungen möchte ich setzen, daß meine Neigung der Eisenbahn und insbesondere der Dampflokomotiven schon von meiner Kinderzeit an gehörte. In meiner Familie hatte sich kein ausgesprochenes Interesse für die Technik gezeigt; das galt auch mütterlicherseits. Reeder, hanseatische Kaufleute und Pastoren prägten unsere Familiengeschichte.

So wuchs ich im Verwandten- und Freundeskreis in einer untechnischen Atmosphäre auf. Oft war ich auf den Hamburg-Altonaer Bahnhöfen, um Züge ankommen und abfahren zu sehen. Besondere Anziehungskraft übte auf mich die Baureihe S 9 aus, die damals von Altona aus nach Berlin L, Hannover und in Richtung Bremen lief. Dabei muß ich auch die 1904 von Henschel & Sohn in Cassel gebaute, später von ihrer Kastenverkleidung befreite Schnellfahr-S 9 der Bauart Wittfeld erlebt haben, da viele Lokomotivskizzen aus meiner Schulzeit eine S 9 mit weit vorstehendem vorderen Drehgestell zeigen, ohne daß ich freilich damals wußte, wie es zu dieser Bauweise gekommen war.

Die Lokomotivsteuerung lernte ich nach und nach dadurch verstehen, daß ich von der Hamburger Vorortsbahn, die im Stadtinnern neben den Gleisen der Fernzüge entlangführt, die Kinematik der Heusinger-Steuerung enträtselte. Erst als Obersekundaner hatte ich endlich die ersehnte Gelegenheit, vom Abstellgelände in Eidelstedt ein Stück auf einer preußischen P 3 mitfahren zu können. Fachliteratur über Lokomotiven war mir zunächst nicht zugänglich. Das Büchlein von Hinnenthal über Lokomotiven in der Sammlung Göschen (1910) suchte ich, da vergriffen, in den Buchhandlungen vergeblich. Zu meiner Freude konnte ich mir noch während des Ersten Weltkrieges ein broschiertes Exemplar der 3. Auflage des Lokomotivteils aus dem Sammelwerk „Das Eisenbahn-Maschinenwesen der Gegenwart" kaufen. Das Geld dazu hatte ich mir in dem großelterlichen Park in Othmarschen durch Sammeln von Eicheln verdient, die im Kriege als Viehfutter begehrt waren.

Für meine Eltern und mich stand einfach fest, daß ich Diplomingenieur werden wollte. Nach dem Abitur absolvierte ich 1920/21 eine einjährige Praktikantenzeit in Hamburger Betrieben, die zum Schiffmaschinenbau gehörten; zunächst in der Gießerei der Schiffsschraubenfabrik von Theodor Zeise, dann in der Ottensener Maschinenfabrik, wo ich in die Dampfmaschinenfertigung eingeführt wurde und auch den von den Ausbildern stets verlangten akkuraten Würfel — aus einem Kolbenring — feilen mußte. Sehr beeindruckend war für mich, die Arbeits- und Lebenswelt der Fabrikarbeiter näher kennenzulernen. Nebenbei nahm ich an mathematisch-naturwissenschaftlichen Abendvorlesungen in der Hamburger Staatsbauschule am Berliner Tor teil, die mir den Anfang des Hochschulstudiums später sehr erleichterten. Vielfältig waren auch die praktischen Erfahrungen, die ich unter anderem bei Schiffsmaschinenreparaturen im Hafen sammeln konnte. Einige Zeit verwandte ich auch auf die Ausbildung im Technischen Zeichnen.

Als Technische Hochschule dachte ich zunächst an Hannover, wo es einen Lehrstuhl für Eisenbahnmaschinenbau gab. Schließlich wählte ich aber, durch einen Schulfreund überredet, Dresden. Dresden hatte damals eine hohe Zeit prominenter Wissenschaftler und Lehrer, von denen ich hier Gerhard Kowalewski für Mathematik, Richard Mollier für Thermodynamik, Karl Kutzbach für Maschinenelemente und H. Treffz für Festigkeitslehre sowie Adolph Nägel für Kolbenmaschinen nennen möchte. In den Ferien arbeitete ich wieder in Hamburger Betrieben, so auch zweimal bei der Deutschen Werft in Hamburg-Finkenwerder, wo ich den Vorrichtungsbau kennenlernte, und machte einen Schweißkursus mit. Die rasch fortschreitende Inflation ließ sowieso einigen Nebenverdienst wünschen.

Um im Lokomotivdienst Erfahrungen zu sammeln, absolvierte ich im August und September 1924 beim Bahnbetriebswerk Dresden-Friedrichstadt, vornehmlich auf der T 16, eine Ausbildung als Lokomotivheizer unter dem sehr strengen Lokomotivführer Fischer 15; dieser Zusatz zum Namen kam daher, daß in Dresden offenbar eine große Zahl von Lokführern gleichen Namens Dienst taten. Die Fahrten, auf denen in einem Dienstplan über eine Tonne Kohle zu verfeuern waren, gingen meist nach Bautzen, Elsterwerda und Nossen. Zwei Tage wurde ich auch dem Rangierdienst im Dresdener Hauptbahnhof zugeteilt, wo die kleinen B-Lokomotiven „Beethoven" und „Mozart" das Umsetzen von Kurswagen besorgten. Diese wurden buchstäblich mit der Hand gefeuert, da man bei ihrer geringen Belastung nur hin und wieder einige Steinkohlenbriketts in die Feuerbüchse nachzulegen brauchte. An diese Ausbildung schloß sich meine Diplomarbeit bei Professor M. Buhle an, die den Entwurf einer Dreizylinder-Heißdampflokomotive betraf. Die Diplomprüfung folgte am 20. Dezember 1924.

Anfang 1925 bewarb ich mich bei Borsig und bei Henschel um eine Stellung in der Lokomotivkonstruktion und hatte, wenn man die damals wirtschaftlich schon sehr schwierig gewordene Lage im Lokomotivbau bedenkt, das Glück, bei Henschel & Sohn in Cassel (damals noch nicht mit K) am 16. Februar 1925 anfangen zu können. Ich wurde dem Studienbüro der Firma zugewiesen, das sich mit einer Reihe akuter Aufgaben zur thermischen Verbesserung der Dampflokomotive, aber auch mit Entwicklungsarbeiten auf dem Gebiet der Diesellokomotive befaßte.

Die Dampflokomotivkonstruktion war bei Henschel damals auf mehrere Büros aufgeteilt, denen jeweils ein Oberingenieur vorstand. Das TB 1 bearbeitete unter Georg Heise das Reichsbahngebiet und das europäische Ausland, das TB 2 unter Hermann Keller und, nach dessen Tod 1926, unter Dipl.-Ing. Walter Böhmig die Überseelieferungen für Hauptbahnen, ferner das TB 3 unter Louis Hahne den Bereich kleinerer Lokomotiven für Privat- und Industriebahnen wie auch für den Export.

Die Leitung des als TB 4 bezeichneten Studienbüros unterstand Oberingenieur Georg Hayn. Sein Stellvertreter war Regierungsbaumeister a. D. Wilhelm Deker. Ich wurde zunächst einer Gruppe zugeteilt, die sich mit Fragen der Diesellokomotiven befaßte. Mit der Zeit gewann ich aber auch Einblick in die anderen im Büro in Arbeit und in Auftrag befindlichen Konstruktionen, auf die ich in den folgenden Abschnitten dieses Buches noch eingehen werde. Meine erste Einarbeitung übernahm Herr Deker, der gerade den Bau und die erste Erprobung einer in Gemeinschaftsarbeit mit der Motorenfabrik Deutz und der Maschinenbauanstalt Humboldt in Köln bei Henschel gebaute dreiachsige Diesellokomotive mit Lentz-Flüssigkeitsgetriebe durchgeführt hatte, die es weiterzuentwickeln galt. Während der Arbeitszeit wurde übrigens streng auf Disziplin gesehen. Als einmal in unserer Sichtweite die große Vogtsche Mühle mit haushohen Flammen abbrannte, scheuchte uns Herr Hayn sofort wieder von den Fenstern an unsere Arbeitsplätze zurück.

Als Henschel Anfang 1925 als neues zusätzliches Produktionsgebiet den Bau von Lastwagen und Omnibussen in Lizenz der Schweizer Firma Franz Brozincevic Wetzikon aufnahm, wurde Herr Hayn auch mit der Leitung der technischen Anfangsarbeiten betraut, Herr Deker bald voll für diese neue Aufgabe eingesetzt. 1926 wurde die Kraftwagengruppe als TB 12 unter Leitung von Oberingenieur Paul Filehr, der von Büssing kam, verselbständigt, so daß Herr Deker ganz aus dem TB 4 ausschied. Dadurch fielen mir die weitere Betreuung der Diesellokomotive und die Bearbeitung von Projekten für diese Bauart zu. Da für eine solche Aufgabe Einblick und Erfahrung in die eigentliche Lokomotivkonstruktion erforderlich waren, entschied die Direktion, daß ich einige Zeit in den Lokomotivkonstruktionsbüros ausgebildet werden sollte, um die Konstruktionsarbeit, die Aufgabe für die Werkstatt und alle auftragsgebundenen Einzelaufgaben kennenzulernen. Nach etwa zwei Jahren entstand aber im TB 4 eine neue Vakanz, da Dr.-Ing. Fritz Hinz, der bisher die Arbeiten zur Entwicklung einer Kohlenstaubfeuerung für Lokomotiven wahrgenommen und auf diesem Gebiet promoviert hatte, in die Hauptverwaltung der Firma für die Bearbeitung des Angebots- und Verbandswesens übertrat. Da die im Rahmen einer „Studiengesellschaft für Kohlenstaubfeuerung auf Lokomotiven" von Henschel federführend durchzuführenden Versuchs- und Konstruktionsaufgaben einen Hauptbearbeiter erforderten, wurde ich 1928 wieder zu Herrn Hayn in das TB 4 versetzt.

Ende 1928 fanden durch die damals beschlossene, dann aber nur vorübergehende Interessengemeinschaft Henschels mit der Lokomotivfabrik I. A. Maffei, München, einige organisatorische Änderungen statt, die Herrn Hayn in einen gewissen Gegensatz zu den Intentionen des neuen, für beide Firmen tätigen Generaldirektors Dr. Canaris brachten, so daß er sich entschied, zu seiner früheren Firma Fried. Krupp in Essen zurückzukehren. Wir, seine Mitarbeiter, haben seinen Fortgang bedauert, da er nicht nur ein sehr guter Ingenieur, sondern auch ein anregender, stets loyaler Vorgesetzter war.

Für mich sollte das Ausscheiden von Herrn Hayn zu einem unerwartet schnellen Aufstieg in meiner Berufslaufbahn führen. Die Leitung aller Konstruktionsabteilungen in Kassel und München übernahm damals Dipl.-Ing. Karl Imfeld, ein Schüler Stodolas, der zunächst im Turbinenbau und dann bei Maffei tätig war, wo er maßgebenden Anteil an der Entstehung der Maffei-Turbinenlokomotive für die Reichsbahn besaß. Herrn Imfeld hatte ich im November 1928 ganz zufällig kennengelernt: 1925 hatte ich mit einem Gehalt von 195 RM angefangen, das bis 1928 schrittweise auf 365 RM gestiegen war. Ich suchte nun nach einer Möglichkeit, meine Gehaltsaussichten zu verbessern, und machte Herrn Hayn den Vorschlag, mich offiziell zu seinem Assistenten zu nominieren, der ich nach Lage der Dinge praktisch schon geworden war. Er war hiermit einverstanden und verwies mich mit diesem Anliegen an das zuständige Mitglied der Geschäftsleitung, Herrn von Gontard, der aber mit der Bemerkung, eine solche Position gäbe es bei der Firma nicht, an diesem Gedanken keinen rechten Gefallen fand. Bei dem Gespräch saß ihm Direktor Imfeld gegenüber, der mich und mein Anliegen dadurch kennenlernte.

Nachdem nun Herr Hayn gekündigt hatte, ließ mich Herr Imfeld kommen und fragte, ob ich mir zutraue, die Leitung des TB 4 als Nachfolger zu übernehmen. So rückte ich mit 27 Jahren zum Oberingenieur auf, wobei mir Herr Hayn bis zu seiner Übersiedlung nach Essen noch beratend zur Seite stand. Herrn Imfeld bin ich nicht nur durch das in mich gesetzte Vertrauen zu großem Dank verpflichtet. Seine durch gesunden Optimismus getragene Arbeitsweise, sein großes Können und die von ihm ausgehende Energie und Schaffensfreude machten eine Tätigkeit unter seiner Führung zu einem Erlebnis. Er war ein in Vorständen nicht häufiger Vorgesetzter, der auch an der Arbeit am Reißbrett aktiv teilnahm und sich doch immer den Blick für die großen und vielfältigen Aufgaben freihielt, den ein so umfangreiches Produktionsprogramm wie das der Firma Henschel erforderte.

Als er 1934 Kassel wieder verließ, um den Vorsitz im Verwaltungsrat bei der Firma Saurer in Arbon zu übernehmen, empfand ich seinen Fortgang als echten persönlichen Verlust. 1938 wurde Herr Imfeld in beratender Funktion von Oscar R. Henschel wieder zum Firmenkonzern zurückgerufen, so daß eine Zusammenarbeit über eine „Forschungsabteilung Berlin" neu auflebte. Gegen Kriegsende ging er aus gesundheitlichen Gründen in die Schweiz zurück und ist dort, für seine Freunde viel zu früh, 1946 gestorben. Es ist mir ein Anliegen, im Rahmen dieses Berichtes seiner zu gedenken und dazu beizutragen, daß diese Persönlichkeit in der Fachwelt nicht vergessen wird.

Ich wende mich jetzt wieder der Situation bei meinem Eintritt bei Henschel 1925 zu. Ende 1924 hatte Oscar R. Henschel nach dem frühzeitigen Tode seines Vaters, des Geheimen Kommerzienrates Dr.-Ing. E. h. Karl Henschel, im Alter von 25 Jahren das Erbe seiner Väter angetreten. Generaldirektor war damals Dr.-Ing. E. h. Bernhard Beyer, dessen souveräne Persönlichkeit Würde und Respekt ausstrahlte. Die Leitung der technischen Seite hatten Dipl.-Ing. Hans von Gontard und Regierungsbaumeister a. D. E. Sauer inne, wobei Herr von Gontard, ein echter Grandseigneur und schon seit 1895 zur Firma gehörig, vor allem die Verhandlungen mit den französischen und iberischen sowie mit den überseeischen Bahnverwaltungen wahrnahm. Zur Direktion gehörten dann noch die Verkaufs- und Einkaufsabteilungen sowie die Leitung des juristischen Bereiches.

Besonders möchte ich unseren Betriebsdirektor Dr.-Ing. Richard Fichtner hervorheben, den wir in seiner unermüdlichen Allgegenwart und seiner impulsiven, aber stets gerechten, bayerischen Art als wahren Vater des Betriebes empfanden. Ein großer Verlust für die Firma war sein frühzeitiger Tod, mitten aus der Arbeit, im Jahre 1937. Wir haben ihm ein unauslöschliches Gedächtnis bewahrt — viele Begebenheiten und Erzählungen, die sich um seine Persönlichkeit rankten, blieben unter den Henschelanern noch bis in die Gegenwart so lebendig, als könne er jederzeit wieder unter seinen Mitarbeitern erscheinen.

Der Vorstandsbereich für die Betriebe wurde nicht neu besetzt. Den dazugehörigen Aufgabenbereich übernahm Dr.-Ing. Hinz in Vereinigung mit der nach dem Fortgang von Herrn Imfeld schon in seiner Hand liegenden Leitung der technischen Abteilungen, wobei die einzelnen Werksabteilungen jeweils einem dem Vorstand verantwortlichen Betriebsdirektor unterstellt wurden. Dr. Hinz hat es verstanden, diesen großen Aufgabenbereich in einem Geist guter Zusammenarbeit aller, in umsichtiger und verständnisvoller Führung über viele Jahre wahrzunehmen. Er ließ mir viel freie Hand und reagierte ausgeglichen auf gelegentliche Schwierigkeiten in dem wohl stets erfüllten Vertrauen, daß wir schon zurechtkommen würden. Die Atmosphäre blieb unter der Leitung dieser Persönlichkeiten stets die einer sehr traditionsreichen und in persönlicher Weise geführten Weltfirma. Wir waren stolz, Angehörige des Hauses Henschel zu sein.

Seit dem Ende der uferlosen Inflation war 1925 ein Jahr vergangen. Damals wurden die Folgen des verlorenen Krieges erst richtig sichtbar. Sie führten zu einem schweren Ringen um den Bestand der deutschen Wirtschaft. Kaum ein Industriezweig wurde hiervon so sehr betroffen wie der Lokomotivbau, wie auch aus dem Buch „125 Jahre Henschel" hervorgeht. In der Vergangenheit hatten die Bestellungen der deutschen Ländereisenbahnen das Rückgrat dieser Industrie gebildet und auch einen erfolgreichen Wettbewerb auf dem Auslandsmarkt erleichtert. Gegen 1923 liefen die Reparationslieferungen an Lokomotiven für frühere Feindstaaten aus. Auch war die Instandsetzung und Erneuerung des Lokomotivparkes der Reichsbahn ziemlich beendet. Vor dem Kriege hatten allein die Preußischen Staatsbahnen jährlich über 1000 Lokomotiven in Auftrag gegeben. 1920 war aus den Länderbahnen die Deutsche Reichsbahn hervorgegangen. Die Beschaffungsziffer sank 1923 auf 400, dann 1924 auf 100 Lokomotiven, und 1925 erfolgte überhaupt keine Reichsbahnbestellung. Trotz des stark steigenden Verkehrs fehlte es an Bedarf, da die durch die Nachkriegslage gebotenen Rationalisierungsmaßnahmen zu einem Überschuß im Lokomotivbestand führten. Die in den Folgejahren entstehenden neuen Einheitslokomotiven der Deutschen Reichsbahn boten zwar Anschlußaufträge. Diese Bestellungen fielen jedoch nach einigen Anfangsserien infolge der Verknappung aller öffentlichen Mittel bald zurück. Obwohl Auslandsaufträge schwer zu erringen waren, hat

Henschel im Export in diesem und den folgenden Jahren beachtliche Erfolge erzielt, aber es fehlte die Stütze des Inlandsmarkts.

Es ist deshalb besonders zu würdigen, daß die Firma Henschel wie einige andere Lokomotivfabriken trotz dieser Situation große Anstrengungen machte, durch Neuentwicklungen auf dem Lokomotivgebiet die Absatzchancen wieder zu verbessern. Diese Einstellung muß man auch gegenüber der Erfahrungstatsache bewerten, daß Neuerungen wirtschaftlich meist erst nach längerer Anlaufzeit zum Tragen können können. Sie bedurften also einer bedeutenden finanziellen Vorleistung. Die Reichsbahn unterstützte diese Bestrebungen durch Bestellungen von Prototypen.

Einige der aufgenommenen Projekte hatten die Verringerung des spezifischen Kohleverbrauchs zum Ziel. So wurde bei Henschel gleichzeitig am Hochdruck- und Turbinenantrieb sowie — im Zusammenwirken mit anderen Lokomotivfabriken — an der Kohlenstaubfeuerung für Lokomotiven gearbeitet, durch welche die Reichsbahn ihre Versorgungslage mit Lokomotivbrennstoff zu verbessern hoffte.

Dank dieser Einsatzbereitschaft der Firma lag 1925 eine Fülle von interessanten und dringlichen Entwicklungsaufgaben vor. Durch die intensive Beschäftigung mit diesen zukunftsgerichteten Dingen wurde uns bei der Arbeit die immer kritischer werdende Situation zunächst nicht voll bewußt. Zwar erlebte man die ersten Kündigungen. Die Folgen der Weltwirtschaftskrise verschlechterten aber die Lage der Firma rapide. Anfang 1931 lagen als Neubestellungen nur ein Auftrag über zehn Garratt-Lokomotiven für Rio Grande do Sul in Brasilien und eine S 10-Lok für Lübeck-Büchen vor. Bei einer Schneeschleuder für die Deutsche Reichsbahn erlebten wir, wie deren Preis schließlich so gedrückt wurde, daß Herr Imfeld im Zuge der Verhandlungen lakonisch an unsere Berliner Vertretung telegrafieren ließ: „Sind mit Schleuderpreis einverstanden".

Die Kündigungen nahmen zu, und die Bezüge der Verbliebenen wurden wiederholt gekürzt. Der Kreis der Mitarbeiter in Konstruktion, Betrieb und Verwaltung wurde immer kleiner. Angesichts der fast aussichtslosen Geschäftslage wurden schließlich ab Juni 1931 vorsorgliche Kündigungen ausgesprochen, die eine Weiterbeschäftigung um jeweils einen Monat, bei den meisten um eine Woche, vorsahen. Erst Ende Juni 1933 erhielt ich ein Schreiben der Firma, das ein festes Anstellungsverhältnis wiederherstellte.

Während dieser Notjahre sah sich die Firma zunehmend zu tiefgreifenden Einschränkungen genötigt, die Ende 1931 fast zu einer Stillegung des Werkes führten. Für mein Büro bedeutete das zum Beispiel, daß der Mitarbeiterkreis auf etwa die Hälfte zusammenschmolz, wobei ich mir größte Mühe gab, jeden Einzelfall durch irgendwelche Aushilfen, Pensionierung oder anderweitige Vermittlungen zu mildern.

Mit den verbliebenen Möglichkeiten setzten wir aber unsere Arbeit, so gut es ging, intensiv fort, um Voraussetzungen für neue Aufträge zu schaffen. Diese erhofften wir uns, soweit es meinen Tätigkeitsbereich betraf, durch die damals in Entwicklung befindliche Henschel-Kondenslokomotive, durch die Anwendungen des Doble-Dampfantriebes, und auch auf dem Gebiet der Kohlenstaubloko-motive.

Probefahrten mit der Deutz-Henschel-Diesellokomotive

Wenn auch meine Arbeiten bald überwiegend der Dampflokomotive gewidmet waren, so begannen sie doch zunächst auf dem Gebiet der Öl- oder Thermo-lokomotive, wie der Dieselantrieb damals noch oft genannt wurde.
1924 hatte Henschel in Zusammenarbeit mit der Motorenfabrik Deutz und der Maschinenbauanstalt Humboldt, Köln, eine C-Diesellokomotive mit einer Nomi-nalleistung von 300 PS gebaut. Diese Maschine fand ich bei meinem Eintritt bei Henschel betriebsfertig vor. Das Problem der Drehmomentwandlung, ohne die eine Diesellokomotive nicht auskommt, war bei der Lok durch ein hydrostatisches Flüssigkeitsgetriebe der Bauart Lentz gelöst. Vorstudien hatten auch ein hydro-dynamisches Getriebe nach der genialen Erfindung von Föttinger in Betracht gezo-gen, doch erschien es zur Anwendung im Lokomotivantrieb nach dem damaligen Entwicklungsstand als noch nicht genügend fortgeschritten. Das Lentzgetriebe be-stand im wesentlichen aus einer Verdrängerpumpe mit rollengeführten Scheiben-kolben und einem ebenso gebauten zweikammerigen Sekundärmotor, wodurch eine dreistufige Zugkraftgeschwindigkeitsabstufung ermöglicht wurde. Als An-triebsmotor diente ein 6-Zylinder-Dieselmotor der Deutzer Bauart VM 145 mit Verdampfungskühlung.
Die Lokomotive hatte ein Dienstgewicht von 42 t. Ich erinnere mich noch, daß die von Herrn Deker zuvor aufgestellte Gewichtsberechnung nur 13 kg von dem gewogenen Leergewicht von 38,80 t abwich. Zunächst waren kleinere Kin-derkrankheiten bei Fahrten im Werksgelände abgestellt worden. Die Lok wurde dann vorübergehend auch im Kölner Hafengelände eingesetzt. Diese Erpro-bungszeit und auch einige daran anschließende Werksprobefahrten auf der Strecke Kassel — Hannoversch-Münden fanden noch ohne Zugkraftmessung statt, so daß der Übertragungswirkungsgrad, der zu etwa 70 Prozent erwartet wurde, nicht überprüft werden konnte.
Es hatte sich jedoch schon gleich anfangs gezeigt, daß die Getriebeölkühlung, für die nur eine Anzahl längsberippter Rohre ohne künstliche Belüftung vor-gesehen war, nicht ausreichte. Es wurde deshalb nachträglich in den sehr ge-räumigen Führerstand ein Rieselkühler mit Ventilator eingebaut, dessen Kühl-wasserpumpe hinten an das Getriebe angeflanscht war. Bei den weiteren Fahrten fiel auf, daß die Bleidichtung der Pumpenwelle oft nachgezogen und neuver-packt werden mußte. Diese Beobachtung sei hier erwähnt, da sie noch eine Rolle spielen sollte.
Um ein vollständiges Bild vom thermischen und betrieblichen Verhalten der Lok zu gewinnen, wurde sie im Januar 1926 mit dem Meßwagen 1 der Reichs-bahn unter Leitung von Reichsbahnrat Kempf auf der Dauersteigung von 1 : 100

im Abschnitt Malsfeld — Oberbeisheim auf der sogenannten Kanonenbahn untersucht. Als Last dienten beladene Güterwagen. Der Gesamteindruck war nicht ungünstig. Es zeigte sich aber, daß die Öltemperatur trotz der verbesserten Kühlanlage schnell auf eine unerwünschte Höhe anstieg, wodurch der Schlupf im Getriebe und damit Wirkungsgrad und Leistung nachteilig beeinflußt wurden.

Wie das so gehen kann, wurde die Ursache hierfür erst nach Beendigung der Versuchsfahrten entdeckt. Es war uns schon aufgefallen, daß beim Öffnen eines Entlüftungshahnes an der Verteilerkammer des Rieselkühlers der austretende Wasserstrahl bis auf das Nebengleis spritzte, also unter sehr hohem Druck stand. Bei Durchsicht der Anlage nach den Fahrten fanden wir heraus, daß die Verteilerbohrungen der Rieselrohre durch Teilchen von der Bleipackung der Pumpenstopfbüchse fast restlos verstopft waren, die Kühlung also nur sehr mangelhaft gewesen sein konnte. Der Viskositätsabfall des Getriebeöls wirkte sich dementsprechend ungünstig auf den Übertragungswirkungsgrad aus, der nicht über den Bereich von 0,5 bis 0,6 hinauskam. Durch anschließende Standversuche mit der Kühlanlage stellte ich dann fest, daß sie mit unbehinderter Wasserberieselung die erforderliche Kühlleistung durchaus aufbringen konnte. Dieses Ergebnis teilten wir dem Versuchsamt der Reichsbahn in Grunewald mit, das diesen Hinweis seinem Versuchsbericht anfügte. Zu einer Wiederholung der Meßwagenfahrten kam es aber nicht.

So lernte ich schon an dieser Erfahrung, daß kleine Ursachen große Wirkungen haben können. Da das Lentzgetriebe bei der Zerlegung keine ins Gewicht fallende Verschleißerscheinungen aufwies, setzten wir die Arbeit für verbesserte und vergrößerte Bauformen dieses Getriebes fort. Trotz vieler Lokprojekte ist es jedoch zu keinen Bestellungen gekommen. Die Aussichten für hydrostatische Getriebe fielen ab Anfang der dreißiger Jahre gegenüber dem inzwischen, schon für den Kruckenberg-Triebwagen erfolgreich entwickelten hydrodynamischen Getrieben zurück. Sie erlebten später, wenn auch in anderer Form, nur noch im Thomagetriebe eine begrenzte Anwendung im Schienenfahrzeugbau.

Die Deutz-Henschel-Diesellok, Henschel-Fabriknummer 20 048, blieb somit ein Einzelgänger, war aber noch etwa zehn Jahre im Werkseinsatz. Sie wurde zum ersten Meilenstein der nachfolgenden Henschel-Arbeit auf dem Gebiete der Diesellokomotive. Vor einigen Jahren wurde ich von Brian Reed, dem Schriftleiter der Zeitschrift „Diesel Railway Traction", gefragt, ob bei Henschel wohl noch Unterlagen über diese Maschine vorhanden seien. Ich mußte dies verneinen, fügte aber hinzu, daß ich seinerzeit bei der Erprobung dieser Lokomotive mitgewirkt hätte, worauf er freundschaftlich-ironisch versetzte: „Oh, are you as old as that?".

1929 fiel mir noch einmal die Aufgabe zu, eine zweiachsige Diesellokomotive von 200 PS mit mechanischem Dreiganggetriebe zu bauen. Die Arbeit an der Dieseltraktion wurde dann aber mit dem als TB 11 bezeichneten Büro für elektrische Lokomotiven unter Oberingenieur Hans Loewentraut vereinigt, zumal die dieselelektrische Leistungsübertragung für größere Einheiten um 1930 in den Vordergrund trat.

Die Entwicklungsarbeit an Hochdruck- und Dampfturbinenlokomotiven wurde in Deutschland Anfang der zwanziger Jahre von den Nachkriegsereignissen ausgelöst. Mit der Abtrennung eines Großteils des oberschlesischen Kohlengrubenbereiches, der 1921 an Polen fiel, und der Besetzung des Ruhrgebietes durch die Franzosen im Jahre 1923 wurde die ausreichende Versorgung der Reichsbahn mit Lokomotivkohle in Frage gestellt.

Diese Situation gab einen starken Anreiz zu Überlegungen, ob und wie der Kohlebedarf der Bahn, der damals etwa 9 Millionen t pro Jahr betrug, herabgesetzt werden könnte. Das war neben einigen betrieblichen Maßnahmen nur möglich, wenn es gelang, den thermischen Wirkungsgrad der Dampflokomotiven zu verbessern. Dieser lag bei der konventionellen Bauart, auch mit den in der Vergangenheit entwickelten Mitteln wie Verbundwirkung, Überhitzung und Abdampf-Speisewasservorwärmung, auf die Zughakenleistung bezogen, bei höchstens 8 bis 9 Prozent. Um den spezifischen Dampfverbrauch und damit den Kohleverbrauch zu senken, blieb nur der Weg, das in der Maschine nutzbare Wärmegefälle zu vergrößern. Dies konnte nach oben durch Erhöhung des Dampfdruckes und der Überhitzung, nach unten durch Expansion in ein Vakuum geschehen. Der erste Weg ließ sich mit dem konventionellen Kolbenmaschinenantrieb, der zweite wegen der durch das Fahrzeugumgrenzungsprofil beschränkten Platzverhältnisse nur durch einen Turbinenantrieb beschreiten.

So entstanden in den folgenden Jahren Prototypen von Hochdruck- und Turbinenlokomotiven. Zu ersteren zählten die nach den Entwürfen von Dr.-Ing. E. h. Otto Hartmann bei der Schmidt'schen Heißdampf-Gesellschaft in Kassel von Henschel 1926 umgebaute S 10² für 60 atü, Reichsbahn-Betriebsnummer 17 206, und später die Schwartzkopff-Löffler-Hochdrucklokomotive für 120 atü, Betriebsnummer H 02 1001. Diese Lokomotiven erforderten unterschiedliche, von der Stephenson-Bauart stark abweichende Kesselkonstruktionen. Die Schmidt-Henschel-Lokomotive ergab bei den Meßfahrten des Lok-Versuchsamtes Grunewald gegenüber der normalen S 10² eine Wirkungsgrad- oder Leistungserhöhung bis zu 30 Prozent.

Henschel lieferte daraufhin eine Lokomotive des gleichen Hochdrucksystems an die Paris-Lyon-Mittelmeerbahn. Die neue Kesselkonstruktion, deren Feuerraum durch aneinanderliegende Rohrgruppen gebildet wurde, hatte jedoch, wie sich zeigte, in der Anfangsausführung keinen bei allen Belastungsfällen ausreichend eindeutigen Wasserumlauf, so daß es bei einer Schmidt'schen Lizenz-Lokomotive in England, der „Fury", zu einem folgenschweren Unfall kam. Bei der Reichsbahnlokomotive trat ein Rohrreißer erst nach Jahren auf, blieb aber ohne Folgen. Es wurden von der SHG daraufhin Wasserumlaufmessungen vorgenommen, die zu einer etwas geänderten Verlegung der Rohre an der Feuerbüchsdecke führten und diesen Mangel behoben. Inzwischen machte sich die zunehmende Wirtschaftskrise geltend, so daß Entwürfe, die mit dem Ziel der

Verbilligung eine geänderte Kesselkonstruktion vorsahen, nicht mehr weiter verfolgt wurden. Diese Prototyp-Lokomotive hat sich jedoch in mehrjährigem Betrieb gut bewährt.

Die Schwartzkopff-Lokomotive kam dagegen nicht über das Versuchsstadium hinaus. Nicht die für das Löfflerverfahren charakteristische Dampfumwälzung durch eine mehrzylindrige Kolbenpumpe, bei der man eine etwaige Störungsquelle hätte vermuten können, sondern einzelne Triebwerksteile, wie zum Beispiel die Dichtungselemente der Hochdruckzylinder-Kolbenstange, wurden der Bauart zum Verhängnis.

Als zu diesem Kapitel gehörig seien hier noch die Versuche der Reichsbahn mit den sogenannten Mitteldrucklokomotiven der Baureihen 17^2, 04, 24 und 44 erwähnt. Diese konnten bei einem Kesseldruck von 25 atü noch mit der konventionellen Feuerbüchskonstruktion auskommen. Dank des hohen Wärmeinhalts des hochüberhitzten Hochdruckdampfes und der Verbundwirkung erzielten diese Maschinen etwa die gleiche Wirkungsgrad- und Leistungssteigerung wie die Hochdrucklokomotiven bei sehr viel geringerem baulichem Aufwand. Der bei den 25-atü-Kesseln verwandte Molybdänstahl verursachte jedoch Unterhaltungsschwierigkeiten, so daß auch dieser Versuch trotz Leistungsgewinn und bester thermischer Wirtschaftlichkeit nicht fortgesetzt wurde.

Aufgrund der von den Schweizer Bundesbahnen mit einer Versuchs-Turbinenlokomotive gesammelten Erfahrungen hatten Krupp und Henschel mit der Firma Escher Wyss in Zürich Anfang der zwanziger Jahre ein Turbinenlokomotiv-Syndikat gebildet, das nach den Patenten von Dr. Zoelly den Bau von Turbinenlokomotiven auch in Deutschland zum Ziel hatte. Die erste Turbinenlok für die Reichsbahn wurde von Krupp gebaut und war 1924 fertig. Die Turbinenausrüstung lieferte Escher Wyss, während bei der Durchbildung des Kondensators die deutschen Firmen eigene Wege gingen. Parallel dazu bestellte der Reichsbahn auch bei der Firma J. A. Maffei, München, eine Turbinenlok.

Henschel wandte sich dagegen zunächst der Idee zu, eine normale Kolbenlokomotive mit einem Turbinenantrieb zu kombinieren. Diese Projekt führte zu einer Bestellung der Reichsbahn auf die Ausrüstung einer vorhandenen Lok der Baureihe 38^{10} (P 8) mit einem Turbinentriebtender, der den durch ein Vakuum möglichen Leistungszuwachs über eine Abdampfturbine auf zwei Tenderachsen übertrug. Henschel legte in diesen Jahren noch einen gründlich durchgearbeiteten Entwurf für eine 2'C'2-Schnellzug-Tenderlokomotive mit Turbinenantrieb vor, der aber nicht mehr zur Ausführung kam.

Diese drei Turbinenlokomotiven, die Krupp-Lok T 18 1001, die Maffei-Lok T 18 1002 und die Triebtender-Lok T 38 3255, sind im damaligen Schrifttum, ferner in den letzten Jahren durch eine Abhandlung von W. Stoffels im „Jahrbuch für Eisenbahngeschichte" und das Buch „Dampfturbinen-Lokomotiven" von R. Ostendorf, die auch die ausländische Entwicklung auf diesem Gebiet wiedergeben, ausführlich behandelt worden. Ich möchte mich deshalb auf die Erörterung einiger Erfahrungen und Folgerungen beschränken, die ich aktiv miterlebte.

Die Entstehung und Erprobung der Hochdruck- und Turbinenlokomotiven habe ich nur am Rande mitverfolgt, wie es sich aus den jeweiligen Kontakten mit den Hauptbeteiligten ergab. An den Geschicken der Triebtenderlokomotive, die im TB 4 vornehmlich von Ingenieur Erich Dietzel bearbeitet worden war, habe ich dagegen seit 1929 selbst mitgewirkt. Als Student hatte ich mit dieser Konstruktion schon eine erste Berührung durch die Untersuchung eines Modells des von Henschel entwickelten, auf Verdunstung beruhenden Rieselkondensators im Maschinenlaboratorium der TH Dresden gehabt.

Die Triebtenderlokomotive wurde im Herbst 1927 an die Reichsbahn abgeliefert und machte zunächst Erprobungsfahrten von Kassel nach Marburg und Nordhausen mit 400 beziehungsweise 480 t Anhängelast. Sie wurde dann dem Versuchsamt für Lokomotiven in Grunewald zugeführt. Bei Vollast ergab sich eine Kohlenersparnis oder Leistungssteigerung um etwa 25 Prozent gegenüber einer Vergleichs-P 8. Dieser Gewinn fiel jedoch mit abnehmender Belastung und kehrte sich bei etwa Halblast sogar in einen spezifischen Mehrverbrauch um. Hier wirkten sich der verhältnismäßig hohe Frischdampfbedarf der Hilfsmaschinen und die feste Getriebeübersetzung — wie schon bei den Turbinenlokomotiven — auf den Wirkungsgrad nachteilig aus.

Inzwischen hatte man bei diesen festgestellt, daß das auf der Hauptturbinenwelle angebrachte Rückwärtsturbinenrad trotz Laufs in einem Vakuum von 0,1 bis 0,2 ata eine hohe Ventilationsarbeit verursachte, welche die Leistung bei Vorwärtsfahrt entsprechend verringerte. Ich erinnere mich noch, daß bei der Maffei-Turbinenlok die Überhitzung des Abdampfes hinter der Turbine Verwunderung erregte, „als wäre ein Loch im Turbinengehäuse". Durch Standversuche an den Turbinen der Krupp-Lokomotive wurde dieser Leistungsverlust dann gemessen und durch Abdeckbleche etwas verringert. Diese Turbinenlokomotiven wären besser mit einer abschaltbaren Rückwärtsturbine ausgerüstet worden, was dann auch nachträglich verwirklicht wurde.

Die Triebtenderlokomotive war in dieser Beziehung besser dran. Das Rückwärtsfahren konnte die P 8 selbst übernehmen. Das Rückwärtsturbinenrad der Tenderturbine wurde bis auf einen kleinen Wulst an der Welle einfach abgedreht. Nachträglich konnte man sich fragen, warum es überhaupt erst vorgesehen worden war. Bei einer Neuentwicklung ist es eben schwer, alle Begleitumstände lückenlos im voraus zu erkennen; eine Erfahrung, die wohl jeder bestätigen kann, der bei seiner Arbeit neue Wege beschreitet. Nach Entfernung des Rückwärtsturbinenrades wurde die Lok erneut dem Versuchsamt Grunewald zugeführt. Zunächst zeigte sich keine Verbesserung der Leistung. Als Ursache hierfür wurde unter anderem festgestellt, daß ein Doppelsitzventil in der Turbine undicht war, und daß die Kolben um 6 und 10 mm kleiner waren als die zugehörigen Zylinderbohrungen. Nach Behebung dieser Mängel ergab sich dann gegenüber dem Zustand von 1928/29 eine Mehrleistung bei gleichem Dampfverbrauch um fast 10 Prozent, wozu auch die Umstellung der Saugzugturbine auf Heißdampf beigetragen hatte.

Die Lok wurde anschließend beim Bw Kassel in einem P 10-Dienstplan auf den Strecken nach Warburg und Frankfurt eingesetzt. Ich erinnere mich aus dieser Zeit noch an eine Beschwerde der Kurverwaltung von Bad Nauheim, wo einer der beförderten D-Züge in den frühen Morgenstunden hielt, über das auch im Stillstand andauernde Brummen der Tenderventilatoren, durch das die bei offenen Fenstern schlafenden Kurgäste gestört wurden.

Besondere Erwähnung verdient die Ausführung des mechanischen Saugzuges. Anfangs war die Lok, wie auch die erwähnten Turbinenlokomotiven, mit einem in der Rauchkammertür angeordneten Axialgebläse mit Frischdampfturbinenantrieb ausgerüstet worden. Die Saugzuganlage wurde, um den Gesamtwirkungsgrad der Lok zu verbessern, Ende 1932 auf Vorschlag von Dr. Zoelly auf Abdampfantrieb umgestellt, indem die Turbine vom Abdampf eines Zylinders beaufschlagt wurde. Dadurch paßte sich der Saugzug im Gegensatz zu der bisherigen, etwas mühsamen und nicht sehr wirtschaftlichen Handregelung der Feueranfachung nun dem jeweiligen Leistungsbedarf automatisch an. Da eine Abdampfturbine mit ihren großen Zu- und Ableitungen sich nicht in der Rauchkammertür unterbringen ließ, wurde das bisherige Axialgebläse durch ein Radialrad ersetzt, das auf einer quer zur Rauchkammer liegenden Welle angeordnet wurde.

Inzwischen hatten sich an dieser schon recht alten Lok zunehmend Abnutzungserscheinungen gezeigt, auf die auch die langen Stillstandzeiten während der verschiedenen Umbauten nicht ohne Einfluß geblieben waren. So traten an den Rohren und der Feuerbüchse Rost- und Dichtigkeitsschäden auf. Dieser Zustand der Lok verursachte beim erneuten Betriebseinsatz vielerlei Reparaturen. Hinzu kamen Störungen an Rohrleitungen, Ventilen sowie durch Undichtigkeiten am Kondensator und seinen Hilfsmaschinen. Diese an sich nicht prinzipiellen Mängel hätten sich fraglos noch beseitigen lassen. Es entstanden damals aber schon Zweifel, ob diese ziemlich aufwendige Bauart mit ihrem unvermeidbar höheren Unterhaltungskosten angesichts der inzwischen wieder besser gewordenen Versorgungslage mit Lokkohle noch eine Zukunft hatte.

Der Aufwand für eine Grundüberholung erschien daher nicht mehr gerechtfertigt. Die Lokomotive tat in ihrem ziemlich abgefahrenen Zustand noch eine Weile Dienst, wurde dann aber auf Antrag der RBD Kassel Ende 1937 stillgelegt und später wohl in ihren Ursprungszustand zurückversetzt. Sie hat jedoch für die um 1929 begonnene Entwicklung der Henschel-Kondenslokomotive wertvolle Erfahrungen gebracht, wozu insbesondere der Nachweis gehörte, daß eine gute Entölung des Maschinendampfes möglich ist.

Auf diese Prototypen mit Turbinenantrieb erfolgten keine Nachbestellungen. Erst in der zweiten Hälfte der dreißiger Jahre wurden von der Reichsbahn bei der Firma Krupp zwei 1'D2'-Turbinenlokomotiven der Baureihe T 09 bestellt, die alle inzwischen gesammelten Erfahrungen berücksichtigen. Bei diesem Auftrag hatte eine wesentliche Rolle gespielt, daß für die zugrundegelegte hohe Fahrgeschwindigkeit von 175 km/h der Turbinenantrieb einen ausgezeichneten Massenausgleich bietet. Beide Maschinen wurden jedoch gegen Ende des Krieges in fortgeschrittenem Bauzustand in den Krupp-Werkstätten durch Bomben vernichtet. Ein gleiches Schicksal erlitt die erste Krupp-Turbinenlok, die bis 1940 zwischen Hannover und Aachen regelmäßig Dienst getan hatte. Nach einer Beschädigung durch Fliegerangriff im Bahnhof Hamm wurde sie während ihrer Reparatur bei Krupp durch Bombenabwurf zerstört.

Daß diese Bemühungen um eine bessere Brennstoffwirtschaftlichkeit der Dampflokomotive sich nicht weiter durchsetzten, lag nicht unwesentlich an der Tatsache, daß die Beschaffungs- und die Unterhaltungskosten höher ausfielen als bei der normalen Auspufflokomotive. Professor Dr.-Ing. E. h. Nordmann, der Versuchsdezernent des Reichsbahn-Zentralamtes Berlin, faßte diese Entwicklungszeit später einmal in den launigen Worten zusammen: „Früher suchte man die blaue Blume der Wärmewirtschaft im Dornengestrüpp, heute pflückt man sie nur noch, wenn sie am Wege blüht."

Die Kohlenstaubfeuerung für Lokomotiven

Angesichts der Verknappung der Steinkohlenversorgung versuchte die Reichsbahn, die in Deutschland reichlich vorhandene Braunkohle für die Lokomotivfeuerung nutzbar zu machen. Rohbraunkohle kam hierfür wegen ihres hohen Wassergehaltes nicht infrage. Aber auch Versuche mit Braunkohlenbriketts führten durch den starken Auswurf aus dem Schornstein und den Durchfall von glühenden Teilchen aus den Luftklappen des Aschkastens zu großen Schwierigkeiten — eine Erfahrung, die sich unter der Notlage der letzten Monate des Zweiten Weltkriegs und danach im mitteldeutschen Raum wiederholt hat.

Als gangbaren Weg sah man deshalb nur eine Kohlenstaubfeuerung an, bei welcher der Brennstoff, ähnlich wie bei einer Ölfeuerung, zerstäubt in den Feuerraum eingeblasen wird. Im Ausland waren schon wiederholt solche Versuche gemacht worden, die bis zur Jahrhundertwende zurückreichten. Zur Bewältigung dieser Aufgabe wurde 1923 eine „Studiengesellschaft für Kohlenstaubfeuerung auf Lokomotiven" gegründet, in der die Lokomotivfabriken Berliner Maschinenbau-AG vorm. L. Schwarzkopff, A. Borsig, Berlin-Tegel, Hanomag, Hannover-Linden, Henschel & Sohn GmbH, Kassel und Fried. Krupp AG, Essen zusammenarbeiteten. Die Federführung lag bei Henschel. Als fördernde Mitglieder traten auch das Mitteldeutsche, das Ostelbische und das Rheinische Braunkohlen-Syndikat, sowie das Oberschlesische und das Rheinisch-Westfälische Steinkohlen-Syndikat der Studiengesellschaft bei. Die Deutsche Reichsbahn unterstützte die Arbeiten durch Mitwirkung und die Stellung von Versuchskesseln.

Als ich bei Henschel eintrat, waren diese Arbeiten schon im vollen Gange. Zunächst erlebte ich diese Vorgänge nur am Rande mit. Die Versuche wurden damals von Dipl.-Ing. Fritz Hinz, der 1927 auf diesem Gebiet promovierte, unter der Leitung von Oberingenieur Hayn durchgeführt. Als Dr. Hinz 1928 zu anderen Aufgaben in die Hauptverwaltung der Firma Henschel übertrat, wurde ich mit der Weiterführung dieser Entwicklungsarbeit betraut.

Zum Verständnis der Ausgangslage sei zunächst die Zielsetzung der Arbeiten

20

der Studiengesellschaft, kurz „STUG" genannt, umrissen. Die ausländischen Konstruktionen von Kohlenstaubfeuerungen für Lokomotiven hatten die Vorteile, aber auch die Mängel der bisherigen Bauarten erkennen lassen. Diese Vorgeschichte ist in dem 1967 erschienenen Buch von K. Pierson „Die Kohlenstaublokomotive" eingehend behandelt worden. Aus den damals vorliegenden Erfahrungen wurde von vornherein der Schluß gezogen, daß für die sehr begrenzten Feuerraumverhältnisse des Lokomotivkessels versucht werden müßte, gegenüber den im Ausland verwendeten langflammigen Brennern eine Brennerbauart zu finden, die den Feuerraum erfolgreicher ausnützte.

So entstand der STUG-Brausenbrenner, der im Endzustand aus einem trichterförmigen Mantel und einer diesen abschließenden Platte mit zahlreichen kleinen Bohrungen bestand. Diese Brennerplatte löste das Staub-Luftgemisch in Einzelstrahlen auf, die eine den Feuerraum gut ausfüllende bauschige Flamme ergaben. Hierdurch wurde der Ausbrand der flüchtigen und festen Bestandteile des Staubes beschleunigt und vor Erreichen der Feuerbüchsenrohrwand beendet. Mit diesem Ziel wurde auch beschlossen, die gesamte oder wenigstens den überwiegenden Teil der Verbrennungsluft, die von einem auf dem Tender angeordneten Turbogebläse gefördert wurde, als Primärluft durch die Brenner einzublasen. Ferner wurde, um eine möglichst starke Abstrahlung der Flamme zu bewirken und so das von den Verbrennungsgasen eingenommene spezifische Volumen zu vermindern, lediglich der Aschkasten mit einer Ausmauerung ausgekleidet und diese nur so hoch gezogen, daß der Bodenring des Stehkessels vor direkter Einstrahlung geschützt blieb.

Diese Maßnahmen sind angesichts der Tatsache verständlich, daß in einer Lokomotivfeuerbüchse für die erforderliche Kesselleistung die Feuerraumbelastung in kcal/m³h gegenüber dem bei stationären Anlagen damals üblichen Wert von rund 200 000 kcal/m³h auf etwa das zehnfache zu steigern war. Nach einigen Vorversuchen mit verschiedenen Formen und Anordnungen erhielt der Brenner die Brausenform und seinen endgültigen Platz am hinteren Ende des Stehkessels unterhalb des Bodenrings. Mit dieser Anordnung wurde an einem ausländischen Ersatzkessel, der damals zur Verfügung stand, das Ziel erreicht und sogar überschritten. Die Reichsbahn stellte daraufhin einen G 12-Kessel für weitere Versuche zur Verfügung. Dieser Kessel war insofern ungünstiger, als er eine geringere Feuerbüchsheizfläche im Verhältnis zur Rohrheizfläche aufwies. Auch hier gelang es, die geforderte Heizflächenbelastung von 60 kg Dampf pro m²/h zu verwirklichen.

Damit schien die Aufgabe, wenigstens für Braunkohlenstaub mit seinem hohen Anteil an flüchtigen Bestandteilen, gelöst zu sein. Es zeigte sich aber bei den Standversuchen eine Erscheinung, die als Schwalbennesterbildung, auf englisch „honeycombing", bezeichnet wird. An den Einwalzstellen der Rauch- und Siederohre in der Feuerbüchsrohrwand bildeten sich bei hoher Belastung Schlackenansätze dieser Form, und auch an den Umkehrenden der Überhitzschlangen entstanden erhebliche Verkrustungen, die nach und nach den Rauchgasquerschnitt zusetzten. Bei einer Staubfeinheit von maximal 20 Prozent Rückstand auf dem

Prüfsieb von 4 900 Maschen/cm² war die Ansatzbildung jedoch noch gering oder vernachlässigbar. Die Aufgabe hieß nun, die hohe Feuerraumbelastung auch bei weniger feinem Staub über mehrere Stunden aufrechtzuerhalten, um an die Staubbeschaffenheit aus wirtschaftlichen Gründen keine zu hohen Anforderungen stellen zu müssen.

Im Auftrage der STUG wurden deshalb Laborversuche über das Erweichungsverhalten von Prüfstäben aus verschieden zusammengesetzten Schlackenverbindungen bei Professor Dr.-Ing. Rosin in Dresden durchgeführt. Außerdem nahmen wir in Kassel Versuche mit Sekundärluft auf, eine Maßnahme, die schon bei den ersten Anfängen erwogen, dann aber wieder zurückgestellt worden war. Die Sekundärluft wurde durch einen Kanal unter dem Feuerschirm angesaugt. Hierbei zeigte sich infolge des etwas anderen brenntechnischen Ablaufs ein offensichtlich günstiger Einfluß auf das Schlackeverhalten. Durch den Sekundärluftbetrieb trat zudem eine durchaus erwünschte Senkung des Frischdampfverbrauchs des Turbogebläses ein. Diese Arbeiten beschäftigten mich auch über die Dienstzeit hinaus so sehr, daß ich mein Paddelboot auf der Fulda „Schwalbennest" benannte, worin mancher eine romantische Bedeutung vermutete.

Wie die Laborversuche zeigten, spielen Alkali- und Eisenverbindungen der Asche sowie der Schwefelgehalt der Kohle für die Erweichungstemperatur der Schlacke eine nachteilige Rolle. Eine an anderer Stelle erprobte Braunkohle aus der Mandschurei erwies sich trotz niedrigen Gesamtaschegehalts wegen solcher Einschlüsse als völlig ungeeignet. Die von Henschel nach dem Kriege an die Victorian State Rlys. in Australien gelieferten Ausrüstungen ergaben bei einer 1'D1'-Lokomotive der Klasse „X" und einer 2'D2'-Lokomotive der Klasse „R" hervorragende Resultate, da die Yallourn-Braunkohle bei nur 2 bis 3 Prozent Aschegehalt solche Bestandteile überhaupt nicht enthielt. Bei dem deutschen Braunkohlenstaub hatte man es im wesentlichen mit dem Schwefelgehalt zu tun, der bei der mitteldeutschen Geiseltalkohle 5 Prozent erreicht, bei anderen Vorkommen aber erheblich niedriger liegt. Er hatte auch Abzehrungen an den Innenseiten der kupfernen Feuerbüchswände der Umbauloks zur Folge, so daß diese nachträglich Stahlfeuerbüchsen erhielten.

Einer möglichst weitgehenden Abkühlung der Schlackenteilchen vor dem Auftreffen auf die Rohrwand wäre die Verlängerung des Feuerraums durch eine Verbrennungskammer entgegengekommen, die wir bei verschiedenen Kohlenstaubprojekten für das Ausland vorsahen. Diese Maßnahme hätte jedoch einen neuen Kessel erfordert. Da das Einführungsprogramm der Reichsbahn aber aus Kostengründen von vorhandenen Kesseln ausging, unterblieb ein solcher Versuch. Er wurde erst bei der Schnellfahrlokomotive 05 003 Mitte der dreißiger Jahre gemacht.

Um die Einsatzmöglichkeiten für Kohlenstaublokomotiven nicht regional begrenzen zu müssen, und um die preisgünstig angebotene Feinkohle des Steinkohlenbergbaues ebenfalls verwenden zu können, wurden auf dem STUG-Versuchstand in Kassel auch umfangreiche Brennversuche mit Steinkohlenstaub durchgeführt, die vom Rheinisch-Westfälischen Kohlensyndikat durch personelle Mitarbeit unterstützt wurden. Das Schwalbennesterproblem machte hierbei größere Schwierigkeiten als bei Braunkohlenstaub und erforderte außer hoher Mahlfeinheit eine weitere Abstufung der Sekundärluftzuführung. Die schließlich erarbeiteten Resultate waren jedoch durchaus ermutigend.

1927 bestellte die Reichsbahn bei Henschel die Ausrüstung für zwei G 12-Güterzuglokomotiven mit dreiachsigem Tender, Betriebsnummer 58 1353 und 58 1677. Die Maschine 58 1353 wurde 1928 an das Lokomotivenversuchsamt Grunewald zu umfangreichen Meßfahrten überführt, bei denen wir durch unseren Versuchsingenieur Dipl.-Ing. Carl Piehler vertreten waren. Sie kam dann zusammen mit ihrer Schwestermaschine 58 1677 zum Bahnbetriebswerk Halle (Saale), wo beide Lokomotiven insbesondere für die Beförderung der 1200 bis 1300 t schweren Gipszüge nach den Leunawerken auf der Strecke Niedersachswerfen — Halle eingesetzt wurden. Die Dampferzeugung war auch auf den langen Steigungen von 1 : 100 beiderseits des etwa 1000 m langen Blankenheimer Tunnels sehr zufriedenstellend. Die Ansätze an der Rohrwand blieben gering, so daß sie nach Fahrtende im Bw Halle leicht entfernt werden konnten. Diese Maschinen fuhren zunächst allein mit Primärluft.

Die weiteren Standversuche der STUG dienten inzwischen dazu, die Ausrüstung noch zu vereinfachen und zu verbilligen. Während die Prototypen einen von der Gebläsewelle unabhängigen Antrieb der beiden Kohlenstaub-Förderschnecken auf dem Tender durch eine kleine Dampfmaschine aufwiesen, fanden wir durch Standversuche, daß die Staubförderschnecken, wenigstens bei Braunkohlenstaub, in festem Drehzahlverhältnis zur Luftförderung von der Gebläsewelle angetrieben werden konnten. Die Dampfmaschine konnte also fortfallen. Auch der bisher vorhandene Hilfsbrenner zum Anheizen und für größere Stillstandspausen erwies sich als entbehrlich. Seine Rolle wurde durch ein Hilfsfeuer aus Schwellenholzstücken übernommen. Die bei Beginn der Arbeiten gehegte Sorge, daß sich im Bunker des Tenders Staubbrücken bildeten, die beim Einstürzen zu einem Durchschießen des Staubes in die Feuerbüchse und so zu einem explosionsartigen Verbrennungsablauf führen könnten, erwies sich als unbegründet. Die ursprünglich vorgesehenen Wirbeldüsen an den Bunkerwänden wurden bei der zweiten Lieferung fortgelassen. Nur bei der Erstzündung nach längeren Stillstandspausen traten gelegentlich leichte Verpuffungen in der Feuerbüchse auf, die man ja auch von Ölfeuerungen her kennt.

1929 gab die Reichsbahn den Umbau von zwei weiteren G 12-Lokomotiven auf STUG-Feuerung in Auftrag, wobei diese Vereinfachungen vorgesehen wurden. Die Maschinen mit den Betriebsnummern 58 1722 und 58 1794 wurden gleichfalls dem Bw Halle (Saale) zugewiesen, nachdem eine von ihnen zuvor in Grunewald auf den geänderten Antrieb der Förderorgane hin näher untersucht worden war.

Parallel zu den Arbeiten an der Feuerung selbst liefen bei der STUG Untersuchungen über die Staubversorgung des Lokomotivbetriebes. Die ersten Lokomotiven konnten ohne weiteres aus den Entstaubungsanlagen der Brikettfabriken versorgt werden, wenn auch gelegentlich bei den Standversuchen ermahlener

Staub verwendet wurde. Der Kohlenstaubtransport für den Bahnbetrieb erfolgte mit bereits vorhandenen Spezialwagen. Bei einer größeren Ausweitung des Kohlenstaubbetriebes wären aber zusätzliche Mahlanlagen erforderlich geworden. Seit 1928 stellte die STUG deshalb auf Anregung der Reichsbahn auch Studien an, vorgetrocknete Kohle auf dem Tender selbst zu vermahlen. Die Aufgabe erwies sich durch die begrenzten Platzverhältnisse aber als zu komplex. Um das Gewicht einer Bunkerfüllung des Tenders zu erhöhen, machte die STUG in Kassel an einem stationären Bunker auch Rüttelversuche, durch die das normalerweise unter 0,5 liegende spezifische Gewicht des Staubes um 10 bis 15 Prozent erhöht werden konnte.

Es ist nun an der Zeit, darauf einzugehen, daß seit 1924 auch die AEG-Lokomotivfabrik in Hennigsdorf bei Berlin unabhängig von der STUG unter der Leitung ihres Direktors Regierungsbaurat a. D. Walter Kleinow, auf eigenen stationären Erfahrungen fußend, damit begonnen hatte, eine Lokomotivkohlenstaubfeuerung zu entwickeln. Die Versuche, bei denen sich auch die AEG mit dem Schwalbennesterproblem auseinandersetzen mußte, führten zu einem Auftrag der Reichsbahn auf Ausrüstung von zwei G 8²-Güterzuglokomotiven. Die AEG-Brenner waren an den Feuerbuchslängsseiten angeordnet und führten das Staub-Luftgemisch durch eine größere Anzahl wassergekühlter Schlitze in den Feuerraum ein. Die AEG-Feuerung arbeitete von vornherein mit einem hohen Anteil von Sekundärluft.

Bei einer Vortragsveranstaltung der Deutschen Maschinentechnischen Gesellschaft in Berlin im Jahre 1928 machten Baurat Kleinow für die AEG und Dr. Hinz, der damals noch die Versuchsarbeiten wahrnahm, für die Studiengesellschaft eingehende Angaben über den erreichten Stand, der allgemein sehr positiv bewertet wurde. Hierbei wurde insbesondere die Brennerausführung erläutert, woraus sich bei der Konkurrenzsituation der beiden Entwicklungen nach der Veröffentlichung in „Glasers Annalen" in den folgenden Jahren noch ein Patentstreit ergab, auf den ich wegen seines ungewöhnlichen Verlaufs eingehen will. Beide Brennerbauarten, die gleich erfolgreich waren, hatten, obwohl sie in ihrer Konstruktion und Anordnung voneinander abwichen, ein gemeinsames Merkmal darin, daß das Staubluftgemisch in feine Einzelströme aufgeteilt wurde. Das war aber das Hauptkennzeichen eines STUG-Patentes. Die Studiengesellschaft erhob deshalb eine Verletzungsklage.

Da die Henschel-Patentgruppe zu meinem Büro gehörte, erlebte ich den Verlauf dieses Prozesses, der über die Patentabteilung der STUG-Mitgliedsfirma Fried. Krupp in Essen geführt wurde, in allen Einzelheiten mit. Die Klage gelangte schließlich in zweiter Instanz vor das Kammergericht in Berlin. Die von diesem erlassenen Beschlüsse stellen, wie bei den Oberlandesgerichten, ein Urteil dar, weil mit dem Beschluß die Sache abgeschlossen ist. Das Urteil gab der STUG recht.

Die Geschichte nahm dann aber noch eine ganz unvorhersehbare Wendung. Die AEG erhob eine Gegenklage. Sie stützte sich dabei auf ein Brennerpatent der Portland Zement Werke AG, Heidelberg, welches in einem Rohrbrenner für kohlenstaubgefeuerte Drehöfen einen einzelnen stromlinigen Körper vorsah. Das Heidelberger Patent war älter als das STUG-Patent und noch in Kraft. Die AEG hatte es inzwischen aufgekauft und behauptete, daß unser Brausenbrenner dieses Patent verletzte. Hierbei bezog sich die Patentabteilung der AEG auf eine Abbildung aus dem Vortrag von Dr. Hinz, aus der zu erkennen war, daß die zahlreichen kleinen Bohrungen in der Brennerplatte von beiden Seiten konisch zu einer Art „Venturirohr" aufgerieben waren. Dies geschah, um den Durchtrittswiderstand für das Staubluftgemisch zu verringern.

Die AEG behauptete nun, daß die zwischen den Bohrungen stehenbleibenden Plattenreste einen stromlinienförmigen Körper darstellten, also das Heidelberger Patent verletzten. Uns erschien diese Behauptung ganz abwegig. Trotzdem wurde dieser Gegenklage stattgegeben und vom Gericht entschieden, daß die STUG das Patent verletze. Die Gegenklage veranlaßte uns übrigens nachzuprüfen, ob die konische Aufweitung der Brennerlöcher, die mehr gefühlsmäßig zustande gekommen war, überhaupt einen Einfluß auf die Wirkung des Brausenbrenners hatte. Ein Versuch zeigte, daß eine Brennerplatte mit zylindrischen Bohrungen genausogut funktionierte wie mit konischen Löchern. Das Gericht sah aber diesen Nachweis als irrelevant an, so daß die AEG mit ihrer Gegenklage Erfolg hatte.

Während dieser sich über Jahre hinziehenden Prozesse hatte sich die allgemeine Wirtschaftslage und damit die Aussicht auf weitere Aufträge mit Kohlenstaubfeuerung für Lokomotiven so verschlechtert, daß die Prozeßgegner beschlossen, die Ergebnisse der beiden Klagen gegeneinander aufzuwiegen. Darüberhinaus vereinbarten sie, ihre Aktivitäten auf diesem Gebiet zusammenzulegen. Weniger die letztere Tatsache, als vielmehr der Gesamtverlauf dieses Prozesses ist ein interessantes Beispiel dafür, wie ein an sich eindeutiger Patent-Verletzungsfall gekontert werden konnte.

Mein eigener Anteil an den STUG-Arbeiten bestand einerseits in der Versuchs- und Konstruktionsleitung, andererseits in der Erledigung der sich bei der Zusammenarbeit der STUG-Mitglieder ergebenden Aufgaben. Bei den zahlreichen Sitzungen und dem umfangreichen Schriftverkehr fielen viele technische und zuweilen nicht einfache geschäftspolitische Fragen an, bei deren Bewältigung ich in Herrn Imfeld eine gute Stütze fand.

Diese Aufgaben brachten mich schon frühzeitig mit der damaligen Prominenz aus Reichsbahn- und Industriekreisen zusammen und ließen mich manche Erfahrungen sammeln. Vom Reichsbahnzentralamt Berlin wirkten vor allem der Bauartdezernent, Oberbaurat und später Abteilungspräsident Dr.-Ing. E. h. Richard Paul Wagner, sowie dessen Mitarbeiter Regierungsbaumeister Friedrich Witte, der 1942 sein Nachfolger wurde, bei dieser Entwicklungsarbeit mit. Das Versuchswesen wurde von Professor Dr.-Ing. E. h. Hans Nordmann wahrgenommen. Die Leitung des Versuchsamtes Grunewald hatte damals Regierungs- und Baurat Karl Günther. Auf Industrieseite waren die Firmen bei den Sitzungen stets durch Vorstandsmitglieder vertreten, Schwartzkopff durch Direktor Doeppner, Borsig durch Direktor Widdecke, Hanomag durch Direktor Najork, Krupp durch Direktor Dr. Lorenz und Henschel durch Direktor Imfeld.

Gelegentlich war ich auch bei den Sitzungen des Organisationsausschusses des Vereinheitlichungsbüros dabei, wenn gleichzeitig STUG-Angelegenheiten besprochen wurden. Hier kam es manchmal zu Aussprachen, die nicht ohne Pointe waren. Dr. Wagner, der oft eine scharfe Klinge schlug, sagte einmal, das Interesse der Lokomotivfabriken an einer neuen Maschine höre auf, sobald die Maschine das Fabriktor verlassen habe, worauf Dr. Lorenz konterte, dann könne man ebensogut sagen, daß das Interesse der Herren von der Reichsbahn aufhöre, wenn sie ihren Aufsatz über diese Neuerung geschrieben hätten. Im ganzen bestand bei den Zusammenkünften, die nicht immer nur in Berlin stattfanden, aber ein gutes, oft von gesundem Humor getragenes, den gemeinsamen Zielen dienendes Einvernehmen, das sich auch durch freimütigen Meinungsaustausch in der Sache oder bei den von Dr. Wagner sehr geschätzten anschließenden Skatrunden im Hotel oder in der Eisenbahn ausdrückte.

Neben der Inlandsarbeit bemühte sich die STUG, mit ihrer Feuerung auch im Ausland Fuß zu fassen. Bereits 1929 habe ich in dem Glasgow Centre der Institution of Locomotive Engineers vor etwa zweihundert Zuhörern einen Vortrag über „Pulverised Fuel Burning in Locomotives" gehalten. 1930 wurde die STUG von der Third International Conference on Bituminous Coal des Carnegie-Institute of Technology, Pittsburgh, zu einem Vortrag auf diesem Gebiet eingeladen. Die wirtschaftliche Lage im Lokomotivbau war damals aber schon so schwierig, daß die Reise aus Kostengründen unterblieb. Stattdessen lieferte ich ein „Paper" über die STUG-Arbeiten, das im Dezember 1930 vor der Railroad Division der American Society of Mechanical Engineers, New York, verlesen wurde. Die Reichsbahn-Kohlenstaublokomotiven wurden oft von ausländischen Fachleuten auf Versuchs- und Betriebsfahrten besichtigt. 1930 fanden die AEG- und STUG-Lokomotiven bei ihrer Vorführung auf der Weltkraftkonferenz in Berlin starkes Interesse.

Da es sich bei den Auslandsverhandlungen um Rechtsgeschäfte unterschiedlicher Art handelte, wurde 1930 eine STUG-Patentverwertungs-GmbH gegründet, zu deren Geschäftsführer ich bestellt wurde. Solche Verhandlungen, bei denen ich von dem sehr erfahrenen und hochgebildeten Justitiar der Firma Krupp, Dr. Schuh, unterstützt wurde, führten mich wiederholt in das europäische Ausland. Leider hatten diese Bestrebungen durch die wachsende Weltwirtschaftskrise nicht die erhofften Ergebnisse. Vielleicht sind uns dadurch aber auch manche Schwierigkeiten erspart geblieben, die die AEG bei einigen Auslandsprototypen durchzustehen hatte.

Auch für die Reichsbahn wirkte sich die Depressionszeit dahin aus, daß die Mittel zu weiteren Beschaffungen fehlten. Außerdem hatte sich die Versorgungslage für Lokomotivkohle inzwischen entspannt. Es ist deshalb zu weiteren Umbau-Aufträgen nicht mehr gekommen. Die Ausrüstung der schon erwähnten Lokomotive 05 003 durch die Borsig-Lokomotiv-Werke mit einer AEG-Kohlestaubfeuerung verfolgte auch eher das Ziel, den Führerstand dieser für 175 km/h bestimmten Maschine im Interesse guter Sichtverhältnisse am vorderen Lokomotivende anzuordnen. Eine Ölfeuerung kam wegen der damaligen Rohstofflage nicht in Betracht. Die Staubverbrennung verlief jedoch sehr unbefriedigend. Es wurde Steinkohlenstaub verwendet, der nicht nur recht aschereich war, sondern auch geringe Mahlfeinheit aufwies. Der Staub verließ zum Teil noch unverbrannt den Schornstein, ein Vorgang, der bei den G 8²- und G 12-Lokomotiven nie vorgekommen war. Eine der wesentlichen Ursachen lag sicher in den langen, nicht immer geradlinigen Zuführungsleitungen vom Tender zu der vornliegenden Feuerbüchse, in denen sich das Staubluftgemisch wieder entmischen konnte. So kam es auch zu sehr starker Schwalbennesterbildung. Die Erfahrungen mit der 05 003 hat Pierson in seinem bereits genannten Buch näher erläutert. Richtig wäre es wohl gewesen, den Staub pneumatisch in einer besonderen Leitung nach vorn zu fördern und ihn der Primärluft erst kurz vor den beiden Brennern zuzusetzen. Die Lokomotive wurde später in die Normalausführung ähnlich ihren Schwestermaschinen 05 001/2 umgebaut.

So blieb es zunächst bei den vier G 12- und zwei G 8²-Kohlenstaublokomotiven, die später im Bereich Cottbus Dienst taten. Nach Kriegsende, das den Eisenbahnbetrieb in der sowjetisch besetzten Zone ohne eigene Steinkohlevorkommen ließ, wurde die Kohlenstaubfeuerug von der dortigen Reichsbahn erneut aufgegriffen. Da es aber zunächst an Beschaffungsmöglichkeiten für die Hilfsmaschinen fehlte, entwickelte Hans Wendler ein vereinfachtes Feuerungssystem, bei dem die gesamte Luftzufuhr durch die Blasrohrwirkung erfolgte. Damit fielen Turbogebläse und Förderschnecken fort. Der Staub wurde aus dem Tenderbunker pneumatisch ausgetragen. Mit diesem System wurden an mehreren Lokbauarten beträchtliche Erfolge erzielt, aber auch hier ist der mit dem Strukturwandel zurückgehenden Dampftraktion in absehbarer Zeit ein Ende gesetzt.

Nach dem Kriege wurden in der Sowjetunion und einigen anderen osteuropäischen Ländern noch verschiedene Versuche mit Kohlenstaubfeuerung auf Lokomotiven gemacht, sogar der Gedanke an einen Mahltender lebte hierbei wieder auf. Inzwischen ist es aber darüber still geworden. Auch auf die 1947 erfolgte Lieferung zweier STUG-Anlagen an die australischen Victorian State Railways — übrigens der erste Exportauftrag von Henschel nach dem Kriege — kamen keine Anschlußaufträge, obwohl zunächst noch Verhandlungen auf weitere 30 Garnituren liefen. Die dort 1952 eingeführten Diesellokomotiven der Bauart GM erwiesen sich als soviel wirtschaftlicher, daß auch dort der Dampfbetrieb schrittweise aufgegeben wurde.

Damit kam das Kapitel Kohlenstaublokomotive zu einem endgültigen Abschluß. Es bleibt aber ein Beispiel intensiver Ingenieurarbeit seiner Zeit, die durch ihre Ergebnisse und durch den gesammelten Erfahrungsschatz eine besondere Würdigung verdient.

II. Henschel-Doble-Dampffahrzeuge
Entwicklung von Dampfautos, Dampfomnibussen und Dampflastwagen

Dampfwagen auf der Straße hat es schon seit dem frühen 19. Jahrhundert gegeben, lange bevor der Verbrennungsmotor für den Antrieb von Kraftfahrzeugen auf den Markt kam. Um die Jahrhundertwende befaßten sich viele Hersteller mit dem Bau von Personen-Dampfautomobilen, besonders in den USA, in England, Frankreich und auch in Deutschland. Daß der Dampfantrieb immer neue Anhänger fand, lag nicht nur an seiner langen Geschichte, sondern an mancherlei Unbequemlichkeiten, ja Unzulänglichkeiten der Motorfahrzeuge jener Epoche. Der elektrische Anlasser war noch nicht erfunden, es gab noch keine synchronisierten Getriebe, und die Motoren waren noch recht geräuschvolle Maschinen. So wurde der Dampfantrieb für Personenwagen von einigen Autofabriken und auch von kleineren Ingenieurbetrieben ständig fortentwickelt. In den zwanziger Jahren gehörten hierzu etwa die Fabrikate von White, Stanley, Delling, Doble Steam Motors in den USA und Serpollet in Frankreich, sowie in Deutschland nach 1900 die Unternehmen Brandenburger Motorenwagenfabrik, Waggonfabrik Busch in Bautzen, Scheibler in Aachen, Altmann in Berlin und die Germania-Werft in Kiel.

1930 wurde von George und William Besler bei A. Borsig in Berlin-Tegel und bei Henschel & Sohn in Kassel ein Dampfwagen vorgeführt, der aus der Fertigung von Doble Steam Motors stammte. Die Brüder Besler hatten kurz zuvor dieses Unternehmen übernommen, da es unter der Wirtschaftskrise bei der Einzelherstellung solcher Wagen in finanzielle Schwierigkeiten geraten war.

Die Firmenleitungen von Borsig und Henschel waren bei der Vorführung durch die vorzüglichen Fahreigenschaften des Doblewagens sehr beeindruckt, so daß ein Lizenzvertrag zustande kam, um auf der Grundlage von Patenten und Erfahrungen diesen Dampfantrieb für Straßen- und Schienenfahrzeuge sowie für andere Zwecke weiterzuentwickeln. Beide Firmen wandten sich der Anwendung für Triebwagen zu, während Henschel auch Interesse an der Entwicklung schwerer Nutzfahrzeuge mit Dampfantrieb hatte. Henschel war als Hersteller von Motor-Omnibussen und Lastwagen mit dem Stand auf diesem Gebiet gut vertraut und kannte aus eigener Erfahrung die Wünsche, die hier noch offen waren.

Die Entwicklung dieses Dampfwagens war das Verdienst der Brüder Abner und Warren Doble, die in Emeryville bei Oakland gegenüber San Francisco eine kleine Fabrik errichtet hatten, welche sich mit der Herstellung von Dampfpersonenwagen befaßte. Meist handelte es sich um Neubauten, es wurden aber auch vorhandene Automobilmodelle mit diesem Dampfantrieb ausgerüstet. Die Leistung der mit Benzin gefeuerten Dampfanlagen lag bei 80 bis 100 PS.

Für die von den deutschen Firmen ins Auge gefaßten Anwendungen galt es zunächst, stärkere Einheiten im Leistungsbereich von 120 bis 150 PS und die Umstellung auf Heizöle, die billiger als Benzin waren, zu verwirklichen. Diese Aufgabe fiel bei Henschel meiner Abteilung zu. Abner Doble, der im Anschluß an die Vorführung nach Kassel kam, schlug uns vor, für die Anlaufzeit seinen Bruder Warren zu engagieren. Dieses Anerbieten nahmen wir bereitwillig an. So hatten wir einen sehr engen Kontakt mit den Urhebern dieser ingeniös durchgearbeiteten Konstruktion, der in fruchtbarer und freundschaftlicher Weise verlief. Abner war in dieser Zeit bei der für Straßen-Dampflastfahrzeuge sehr bekannten englischen Firma Sentinel in Shrewsbury tätig, während Warren von 1932 bis 1934 in Kassel mitarbeitete.

Die kennzeichnenden Konstruktionsmerkmale der Doble-Anlage waren ein Zwangsdurchlaufkessel aus einer einzigen Rohrschlange mit automatischer Druck- und Temperaturregelung, eine freischwebend an der Hinterachse angeblockte Verbunddampfmaschine, die mit den auf dem Chassis angeordneten Bauteilen durch bewegliche Rohrleitungen verbunden war, und die Rückgewinnung des Speisewassers durch Abdampfkondensation. Warren Doble brachte aus Kalifornien einen Personendampfwagen mit, der dort von seiner Mutter gefahren worden war, und den wir deshalb „Mother's Car" nannten. Dieser wurde während der Entwicklungszeit in vieler Beziehung ein nützliches Lern- und Erfahrungsobjekt.

Gleichzeitig wurde von Oscar R. Henschel bei Doble Steam Motors ein Chassis mit Dampfanlage bestellt, das nach Eintreffen durch die Berliner Firma Gaubschat mit einem gefälligen Phaetonaufbau versehen wurde. Diese Anlage hatte eine Vierzylinder-Verbundmaschine. Der Speisepumpenantrieb erfolgte nicht durch Frischdampf, sondern über eine Kardanwelle von der Hinterachse aus. Die Regelung der Wasserförderung wurde bei diesem Wagen über magnetventilgesteuerte Druckzylinder geregelt. Ich komme auf dieses Fahrzeug, das sich hervorragend bewährte, später noch zurück.

Die Henschel-Arbeiten für Nutzkraftwagen begannen mit der Konstruktion einer auf etwa 100 bis 120 PS verstärkten Dampfanlage. Um die Zulassung und Überwachung zu erleichtern, erwirkte die Firma beim Preußischen Ministerium für Handel und Gewerbe in längeren Verhandlungen, daß diese Dampferzeuger bei einem Gesamtinhalt der Rohrschlange von 10 Liter ohne Einzelzulassung ganz allgemein als erlaubt und genehmigt galten.

Als erste Fahrzeuge für die Straße wurden je ein vorhandener Omnibus der Elberfelder Bahnen und der Kraft-Verkehr Sachsen AG ausgerüstet. Aus der Erprobungszeit dieser beiden Versuchsfahrzeuge sind leider keine Unterlagen mehr vorhanden. Über den Elberfelder Wagen liegt jedoch ein Aufsatz von Direktor H. Uhlig vor, der außer technischen Angaben die Situation erkennen läßt, die ein Dampfantrieb zu dieser Zeit im Vergleich zum Stand der Dieselmotortechnik — der Vergasermotor schied wegen der Kosten des Brennstoffes als Vergleichsobjekt aus — und der Getriebetechnik vorfand, so daß man ihm echte Chancen beimessen konnte. Er schreibt:

„Die schwierigen Betriebsverhältnisse auf einigen Strecken der Schwebebahn Vohwinkel — Elberfeld — Barmen, Bergische Kleinbahnen und Straßenbahn Barmen — Elberfeld, auf denen sich starke Steigungen mit häufigen Haltepunkten paarten, ließen den Dieselantrieb noch recht unbefriedigend erscheinen. Der Verbrennungsmotor ist im Gegensatz zum Dampf- oder Elektroantrieb nicht überlastbar, eine Überdimensionierung scheidet aber aus Gewichts- und anderen Gründen aus. Die häufigen Schaltvorgänge führen zu Schwingungen und Geräuschen; erstere hatten auch auf den Wagenverband nachteilige Folgen. Bei dem damaligen Stand müssen die Getriebezahnräder während der Fahrt miteinander in Eingriff gebracht werden. Der Dampfantrieb kann demgegenüber stufenlos anfahren und dadurch als Annehmlichkeit für die Fahrgäste weich und stark beschleunigen. Diese Eigenschaft ist insbesondere zur Verbesserung der Reisegeschwindigkeit wichtig, auf die bei der zunehmenden Verstopfung des innerstädtischen Straßenverkehrs Wert gelegt werden muß. Sie ließ sich beim Dampfomnibus um 20 bis 25 Prozent steigern."

„Das Fahrgestell wurde im September 1933 geliefert und nach Aufsetzen eines vorhandenen Aufbaues erprobt. Unsere Erwartungen sind nicht enttäuscht worden. Als wir das Fahrzeug auf diejenige Strecke brachten, die bisher unseren Wagen am meisten geschadet hatte (1200 m durchgehende Steigung von 11 Prozent mit 6 Haltestellen), waren die Haltestellen kein Nachteil mehr. Stoßfrei und geschmeidig zog der Wagen die Strecke mit einer wesentlich höheren Reisegeschwindigkeit durch, als dies bisher möglich war. Eine der Probefahrten führte auch auf den Petersberg bei Königswinter am Rhein. Wer den „Autoweg" auf diesem Berg kennt, wird zugeben müssen, daß seine Besiegung für einen derartig schweren Wagen eine Leistung ersten Ranges bedeutete."

Von den Fahrgästen wurde die gute Heizung durch den Maschinenabdampf in dem besonders kalten Winter 1933/34 als sehr vorteilhaft empfunden. Der Verbrauch in schwierigem Gelände wird in diesem Aufsatz anhand einer genauen Vergleichstabelle für den Dampfbus mit 70 Liter, den Vergaserbus mit 57 Liter und für den Dieselbus mit 42 Liter angegeben. Das Produkt aus Verbrauch und Brennstoffpreis fiel etwa gleich aus. Als Wasserverbrauch wurde 50 Liter/100 km genannt.

Von dem Dampfomnibus der Kraft-Verkehr Sachsen ist mir nur noch in Erinnerung, daß er jahrelang auf der sehr steigungsreichen Strecke Dresden — Dipoldiswalde im Linienverkehr eingesetzt war.

Wie bei solchen Neukonstruktionen unvermeidbar, traten auch Störungen auf, die hier und da zu Verbesserungen führten. Im einzelnen sind diese aber nicht mehr angebbar und auch nie von einem Umfang gewesen, daß sie zu einer Außerbetriebnahme geführt hätten.

Den beiden Prototypen folgten in den nächsten Jahren noch einige Neubauten von Dampfomnibussen, so etwa für die Bielefelder Stadtwerke, die Kraftverkehrs-AG Kassel und den Omnibusbetrieb der Bremer Vorortbahnen. Bei diesen Neubauten legten wir die Kesselanlage an das Wagenende, eine Anordnung, die auch schon bei Motorfahrzeugen aufkam. Hierdurch wurde auch mehr Platz für den Kondensator gewonnen. Bei dem Bremer Wagen wurde der Kondensator in der Stirnwand belassen.

Parallel dazu wurden eine Reihe von Lastwagen mit diesem Antrieb gebaut, etwa für die Wicküler-Brauerei in Elberfeld und die Thuringia-Brauerei in Mühlhausen. Die Deutsche Reichsbahn bestellte 1933 zehn Dampflastwagen. Diese wurden eingehend auf Bergfahrten im Harz erprobt und nahmen an einer Winter-Zuverlässigkeitsfahrt verschiedener Bauarten in den bayerischen Alpen teil, wo sich die Dampfwagen fahrtechnisch hervorragend bewährten.

Bei diesen Lastwagen brachten wir die Dampfanlage in einem besonderen Raum hinter dem Fahrerhaus unter. Die Haubenbauart wurde also auch hier verlassen. Die Dampfmaschine saß wie bei den Bussen freischwebend an der Hinterachse, die Leitungen sprangen also mit der Durchfederung des Rahmens auf und nieder. Interessenten waren immer wieder überrascht, daß sich hierbei keine Schwierigkeiten mit der Abdichtung der Gelenke in der Hochdruckleitung für 100 atü ergaben. Die von den Doble-Personenwagen übernommene Rohrgelenkbauart bewährte sich auch bei diesen Wagen bestens. Sie bestand nur aus einem Kugelkopf und einer Gegenschale, die bei der Montage mit Graphit eingesetzt wurde. Eine Stopfbüchse oder dergleichen war nicht vorhanden.

Über den Wicküler-Wagen hatte ich kürzlich ein Gespräch mit dem Henschel-Fahrer Karl Möller, der den Wagen übergab und einige Zeit an den Fahrten teilnahm. Er ist noch heute stolz auf die Fahreigenschaften, durch die der Wagen mit Anhänger vollbeladen bei einer von der Brauerei veranstalteten Wettfahrt mit einem Dieselzug gleicher Leistung und Beladung in dem schwierigen Berggelände auf der Straße nach Düsseldorf siegreich davonzog. Auch bei diesem Wagen verlief der Einsatz nicht immer störungsfrei, aber schließlich handelte es sich ja um eine verhältnismäßig schnell erarbeitete vollständige Neukonstruktion, mit der, auch beim Fahrpersonal, erst Erfahrungen gesammelt werden mußten, die bei anderen Fahrzeugen aus einer langen Entwicklungszeit schon vorlagen. Es handelte sich aber im allgemeinen nur um die üblicherweise unvermeidliche Ausreifung von Kleinigkeiten, wie das Hängenbleiben eines Magnetventils, Kontakt- und Kabelstörungen und dergleichen. Fahrtberichte und sonstige Aufschreibungen sind leider nicht mehr vorhanden.

1934 entstand auch ein Dreiachser mit dreiachsigem Anhänger für die Kraftverkehr Nordmark AG, Altona, der an beiden Hinterachsen je eine Dampfmaschine trug. Die beträchtliche Abdampfmenge dieser etwa 240 PS starken Anlage machte die Unterbringung der Kondensationseinrichtung schwierig. Die seitlich hinter dem Fahrerhaus angeordneten Kondensatoren wurden nachträglich noch durch einen vor der Stirnwand angebrachten Zusatzkondensator ergänzt. Der Nordmarkwagen mit der Zulassungs-Nr. IP-10408 war zwischen Hamburg und Berlin eingesetzt.

Leider sind von diesen Fahrzeugen keine genaue Einzeldaten über Gewichte leer und beladen erhalten. Sie hielten sich aber meiner Erinnerung nach im Rahmen vergleichbarer Motorfahrzeuge. Nach Berichten des Fahrers Walter Rüschmann aus Hamburg erreichte der Nordmarkwagen mit 30 t Zuladung auf der Autobahn Hamburg — Lübeck spielend eine Geschwindigkeit von 80 km/h, wobei 1 Liter Braunkohlenteeröl per km verbraucht wurde.

Diese Dampfwagen wurden sämtlich mit Braunkohlenteerheizöl gefeuert. Sein Preis zog nun in den Folgejahren ständig an. Während er zur Zeit der Prototypen bei etwa 10 Pfg./Liter lag, erreichte er um 1936 schon 22 Pfg./Liter. Dadurch ging der wirtschaftlich nötige Ausgleich der Brennstoffkostenbilanz der Fahrzeuge verloren und verhinderte Nachbestellungen. Wir machten zwar seit 1935 Versuche mit Steinkohlenteeröl, das einem damals verfügten Preisstop unterlag und etwas weniger als 10 Pfg./Liter kostete. Dieser Brennstoff war aber brenntechnisch wesentlich schwieriger zu verfeuern und störte auch durch seinen Geruch.

Die bis dahin gebauten Fahrzeuge sind teilweise bis in die Kriegszeit im Betrieb gewesen, die Entwicklung kam aber 1937 durch die Brennstoffsituation schließlich zum Erliegen.

Die Brennstoffseite hatte uns während der ganzen Entwicklungszeit laufend beschäftigt. Die amerikanischen Pkw-Modelle waren mit Benzin betrieben worden. Mit einem venturistromartigen Brenner und Kerzenzündung ließ sich mit Braunkohlenteeröl gut fahren. Auch hier mußten aber zunächst Erfahrungen ausgewertet werden. Zunächst kam es nicht selten zu Verkokungen der Zündkerze. Das wirkte sich dahin aus, daß die Zündung aussetzte und das eingeblasene Brennstoff-Luftgemisch sich an den heißen Wänden des Feuerraums entzündete, wodurch bis zum Abgasstutzen eine explosionsartige Nachverbrennung auftrat.

Dem konnte zwar durch eine regelmäßige Reinigung des leicht herausnehmbaren Zündkorbes begegnet werden; wir bemühten uns aber laufend, Verbesserungen zu schaffen. Ich erinnere mich hierzu noch an ein Erlebnis mit dem Dampf-Pkw von Warren Doble. In Kassel fuhr ich auf der Oberen Königstraße — heute eine Fußgängerzone —, als beim Einsetzen des Feuerungsgebläses das Verbrennungsgeräusch ausblieb. In solchen Fällen schaltete man sofort das Feuerungsgebläse ab in der stillen Hoffnung, daß es zu keinem Knaller kommen würde. Es war jedoch zu spät, zum Erschrecken der Passanten erfolgte ein heftiger Knall, und hinter dem Wagen stieg durch diese unzeitgemäße Selbstreinigung des Kessels eine hohe Rußwolke auf. Ich fuhr mit abgeschalteter Feuerung bis zu einer Nebenstraße weiter — schließlich betrug der Kesseldruck in diesem Augenblick etwa 100 atü, und damit konnte man noch ziemlich weit kommen. Als ich dabei war, den Zündkorb herauszuschrauben, um die vermutete Verkrustung abzukratzen, kamen zwei Polizisten gelaufen mit dem Rufe: „Was war denn das?" — Ich sagte nur: „Haben Sie noch kein Motorrad knallen hören?" und setzte meine Arbeit unbeirrt fort, womit sich die Ordnungshüter zufrieden gaben.

Auch eine andere Begebenheit sei erzählt, die mit einer Spätzündung im Kessel zusammenhing. Zu unseren Bemühungen, die Brennstoffbasis für den Dampfwagen zu erweitern, gehörte auch ein Versuch mit Kartoffelspiritus der Reichsspiritusverwaltung. Dazu benutzte ich ebenfalls diesen Pkw. Verbrennung und Leistung befriedigten durchaus. Als ich mit zwei Begleitern, nämlich mit Baurat Mauck von der Lübeck-Büchner Eisenbahn und meinem Mitarbeiter Dr.-Ing. Grumbt nach dem Mittagessen im Ratskeller den Wagen bestieg, fiel uns Spritgeruch auf, dem wir jedoch keine Bedeutung beimaßen. Bei der Fahrt zum Werk trat eine schwache Verpuffung auf, also an sich nichts Außergewöhnliches.

In der Unteren Königstraße bemerkten wir jedoch, daß Leute stehenblieben und uns mit allerlei Gesten nachblickten. Durch das Rückfenster gewahrte ich in unserer Spur eine Reihe von kleinen brennenden Pfützen auf dem Pflaster. Ich fuhr noch einige hundert Meter bis zum Eingang des Henschel-Verwaltungs-

1 Deutz-Henschel-
Diesellokomotive von
300 PS mit Lentz-
getriebe, gebaut 1924.
    (Foto: Henschel)

2 Deutz-Henschel-
Diesellkomotive vor
dem fünfachsigen
Reichsbahnmeßwagen,
1926. Von links: Ober-
ing. Hayn (Henschel),
Reichsbahnrat Kempf,
Verfasser, Obering.
Schosnik (Motoren-
fabrik Deutz).
    (Foto: Roosen)

3 P 8-Triebtender-
lokomotive der DR,
Betriebsnummer
T 38 3255, vor Ausfahrt
aus dem Kasseler
Hauptbahnhof. Von
links: Dipl.-Ing. Weigel
(Henschel), Amtmann
Sonneborn (DR), In-
genieur Dietzel (Hen-
schel). (Foto: Henschel)

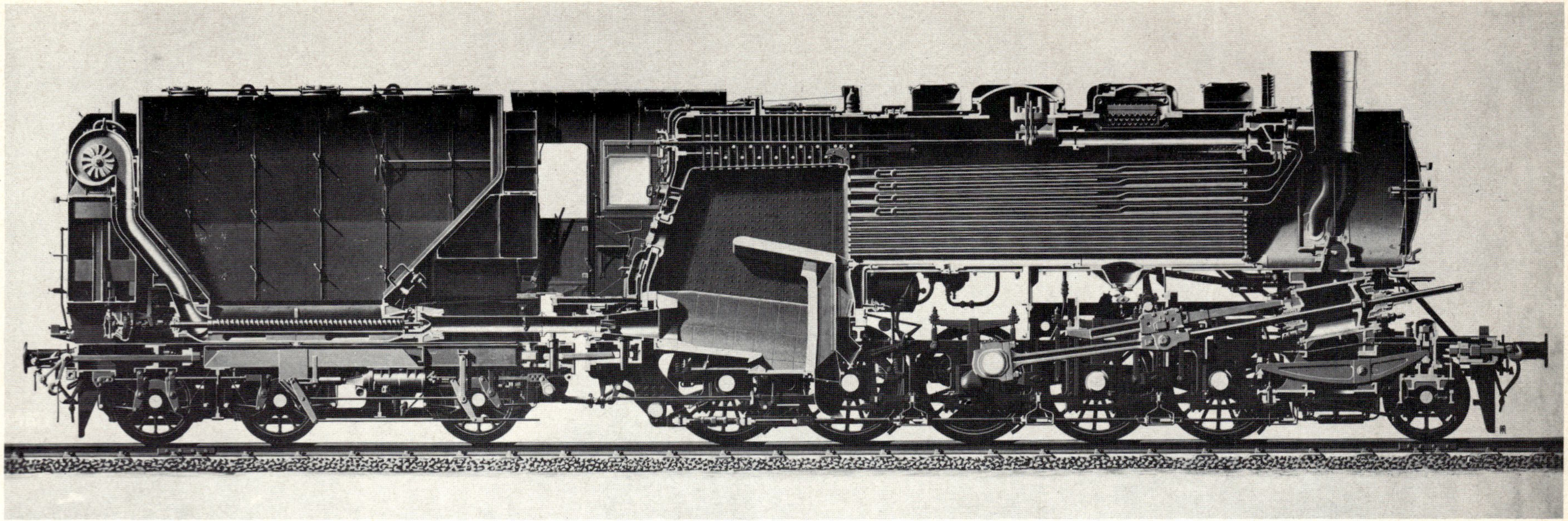

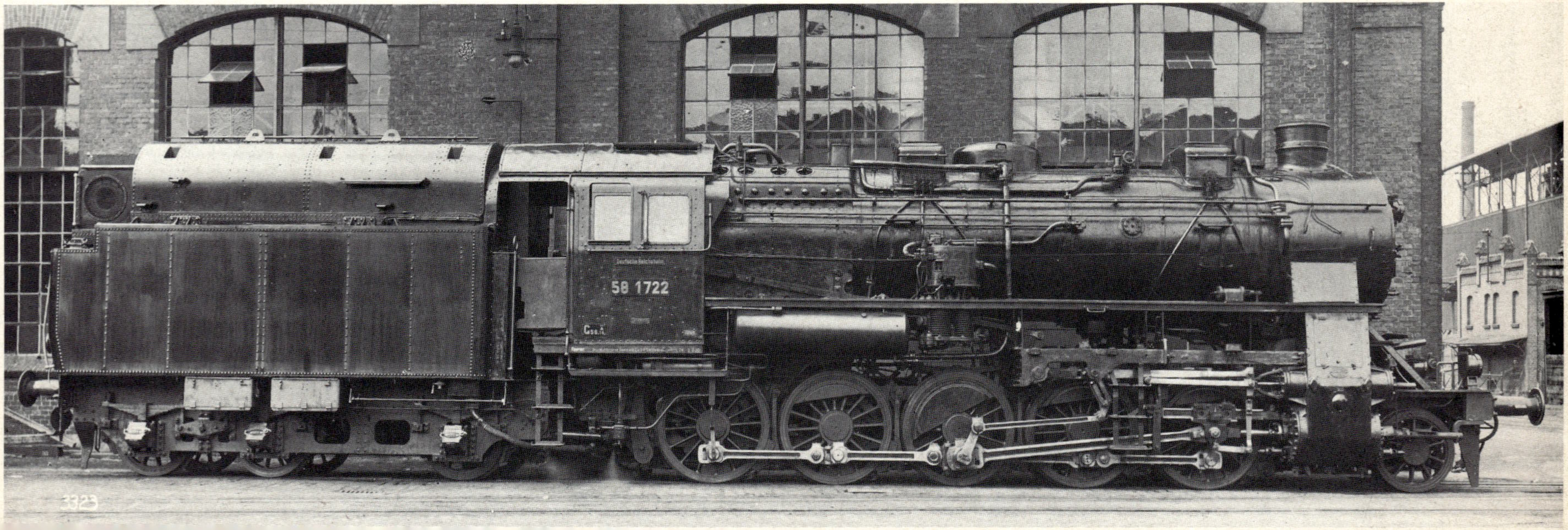
58 1722

4 Schnitt durch
STUG-Kohlenstaub-
lokomotive G 12 mit
vereinfachter Tender-
ausrüstung und Se-
kundärluftzuführung.
(Zeichnung:
Mohr, Henschel)

5 STUG-Lokomotive
58 1722 auf dem Werks-
hof in Kassel.
(Foto: Henschel)

6 STUG-Kohlenstaub-
lokomotive G 12
Nr. 58 1677 vor einem
Gipszug für die Leuna-
werke im Bahnhof
Nordhausen.
(Foto: Roosen)

7 Consulting Engineer
der Victorian State
Railways A. E. Turner,
London, und der Ver-
fasser auf der Reise nach
München zur Abnahme
der bei Krauß-Maffei
gebauten Gebläse-
turbinen für die STUG-
Kohlenstaubfeuerung.
Aufnahme in Würzburg
Hauptbahnhof.

8 1'D1'-Breitspur-
Lokomotive, Klasse
X 32 der Victorian
State Railways, mit
STUG-Kohlenstaub-
feuerung, 1948.
(Foto: V. St. R.)

9 Dampfpersonen-
wagen von Warren
Doble. Ehepaar Roosen
im Herbst 1932.
(Foto: Warren Doble)

10 Doble-Dampf-
wagen von Oscar R.
Henschel, mit deutschem
Aufbau von Gaubschat,
Berlin.
(Foto: Henschel)

11 Abfahrt des Doble-
Dampfwagens vom
Kasseler Hauptbahnhof
im Mai 1933 anläßlich
der Einsetzung des
Prinzen Philipp von
Hessen als Oberpräsi-
dent. Im Fond Prinz
Philipp und Hermann
Göring.
(Foto: Henschel)

12 Besichtigung eines Henschel-Dampfomnibus-Chassis durch die Reichsregierung auf der Berliner Automobilausstellung 1935. Von links: Dir. Sack (Henschel), Adolf Hitler, Hermann Göring, Verfasser, Dr. Hinz.

(Foto: Henschel)

13 Von Henschel 1932 mit Dampfantrieb ausgerüsteter Omnibus der Kraftverkehr Sachsen AG in Dresden.

(Foto: KVG Sachsen)

14 Henschel-5 t-Dampflastwagen der Deutschen Reichsbahn auf dem Güterbahnhof Kassel, 1934

(Foto: Henschel)

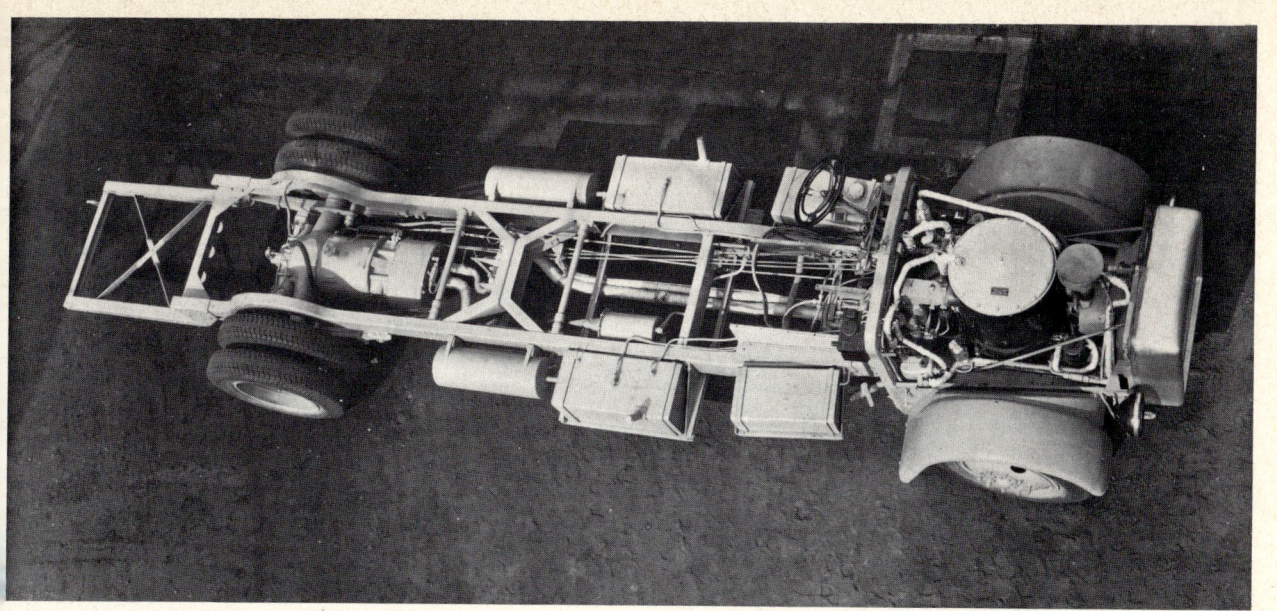

20 Dampfboot mit 80-PS-Dobleanlage. Dampfmaschine in Längsmitte, Dampferzeuger am Heck in liegender Anordnung.
(Foto: Henschel)

21 Henschel-Dampfboot. Von links: Warren Doble, Dir. Imfeld, Reichsbahnrat F. Mölbert, stehend C. Herm. Schmidt, Vertreter der Firma Henschel in Berlin. (Foto: Henschel)

22 Das Dampfboot auf dem Müggelsee bei Berlin. Steuerbords Dir Imfeld, backbords Warren Doble.
(Foto: Henschel

gebäudes, wo wir beim Aussteigen eine brennende Lache unter dem Automobil entdeckten. Schnell überlegte ich, daß der kleine Löscher im Wagen nicht ausreichen und vielleicht nicht funktionsbereit sein würde. Auf dem etwa 250 m entfernten Hofgelände stand damals der zur Ablieferung bereite Dampftriebwagen für Lübeck-Büchen. Dort wußte ich einen großen Minimax, und vor allem unseren bewährten Monteur Schiffhauer. Durch Gehupe und meine Rufe alarmiert, kletterte er mit dem Feuerlöscher über ein geschlossenes eisernes Fabriktor, während ich Aktentaschen und Polster aus der unter dem Wagen sich ausbreitenden Flammenzone brachte. Meine Gefährten waren mir inzwischen nachgerannt, und mit vereinten Kräften gelang es, den Wagen zu retten.

Als Ursache entdeckten wir dann, daß an diesem Tage die gläserne Kuppel der unter dem Wagen angeordneten Brennstofförderpumpe, wohl durch Steinschlag, beschädigt worden war, so daß ein Teil des Brennstoffes ins Freie gelangte und sich bei dem leichten Knaller entzündet haben mußte.

Übrigens verliefen all unsere Arbeiten auf diesem Gebiet glücklicherweise ohne irgendeinen Unfall, bei dem etwa einer der Beteiligten zu Schaden gekommen wäre. Man kann hierbei wirklich von Glück sagen, da mancherlei Unbekanntes zu meistern war. Auch lag in dem hohen Dampfdruck eine Gefahrenquelle. Hier wirkte sich der trotz einer Länge von etwa 200 m sehr geringe Dampf- und Wasserinhalt der Rohrschlange günstig aus. Eine Undichtigkeit, selbst ein bei den anfänglichen Versuchen mit der Kesselregelung hin und wieder auftretender Rohrreißer, führte nur zu einer spontan herauszischenden Dampffahne, ähnlich dem Ablassen eines Sicherheitsventils.

Solche Vorkommnisse waren aber sehr selten. Bei den mit der Zeit in der Umwandlungszone von Wasser in Dampf eintretenden inneren Ablagerungen bildete sich meist nur eine kleine Beule in der Rohrwand aus, die zu einer nadelfeinen Öffnung führte. Einmal sind wir mit dem Dampfwagen von Herrn Henschel von Halle bis nach Kassel mit leicht zischendem Kessel zurückgefahren. Die Gewöhnung an den hohen Druck ging schließlich fast zu weit. Ich erinnere mich, daß unser Monteur Schiffhauer bei einem Triebwagenkessel schon mit dem Abschrauben eines Ventils begann, als das Manometer noch auf „nur" 20 atü zeigte; „der Restdruck wäre ja schnell verschwunden".

Aus den Fahrerlebnissen sei noch die hervorragende Steigfähigkeit der Dampffahrzeuge hervorgehoben. Zur Erprobung benutzten wir die Hangstraßen des Hohen Meißners und den berühmt-berüchtigten Körler Berg der heutigen Bundesstraße 83. Die Herkulesauffahrt im Habichtswald war für unsere Maßstäbe noch zu flach. Die Dampfmaschine hatte drei Füllungsgrade. Gefahren wurde zumeist mit 40 Prozent Füllung und maximal mit einem Schieberkasteneintrittsdruck von etwa 50 bis 60 atü, der sich mit dem Fußpedal („Gashebel") spielend leicht einregulieren ließ. Kam eine schwierige Wegstelle, so gab man 80 Prozent Füllung und ließ den vollen Kesseldruck in die Maschine eintreten, wodurch die Wirkung des 1. Ganges eines Kraftwagengetriebes erzielt wurde.

Ein Wort sei schließlich noch zur Abbremsung gesagt. Die Dampfmaschine wurde nicht als Motorbremse benutzt. Gegendampfgeben war möglich, aber

Ausnahmefällen vorbehalten. Deshalb bedurfte die mechanische Trommelbremse einer verstärkten Ausführung. Der Bremsluftverdichter wurde in einigen Fällen durch eine kleine Dampfturbine angetrieben, in anderen durch ein Zahnradvorgelege an der Hinterachse, was natürlich eine Behälterladung vor dem ersten Fahrtbeginn erforderte. Daraus sind aber keine Betriebsunannehmlichkeiten entstanden.

Henschel-Dampftriebwagen für Lübeck-Büchen, für die Reichsbahn und Italien.
Eine Dampfmotor-Kleinlokomotive

Das zweite Anwendungsgebiet, dem wir uns gleichzeitig mit der Entwicklung für die Straße zuwandten, war der Dampftriebwagen. Das Interesse an dieser Antriebsart erklärt sich aus dem damaligen Stand der Motoren- und Getriebetechnik, an den der Eisenbahndienst besonders harte Anforderungen stellt. Dazu kamen die beeindruckenden Eigenschaften dieses Dampfantriebes mit seiner von der Lokomotive her gewohnten guten Zugkrafthyperbel, die relative Geräuschlosigkeit und Erschütterungsfreiheit sowie die Erwartung auf geringe Störanfälligkeit.

Den ersten Auftrag über einen vierachsigen Dampftriebwagen erhielt die Firma Henschel 1931 von der Lübeck-Büchner Eisenbahngesellschaft. Ihr maschinentechnischer Leiter, Oberbaurat Reeps, entschied sich für eine solche Beschaffung, da die LBE beabsichtigte, auf ihrer Hauptstrecke Hamburg-Lübeck einen Pendelverkehr mit hoher Reisegeschwindigkeit einzurichten, für den das Umsetzen der Lokomotiven an den Endbahnhöfen sich als beschwerlich erwiesen haben würde.

Lübeck-Büchener Eisenbahn-Gesellschaft

Fahrt mit dem **Schnelltriebzug**
der Lübeck-Büchener Eisenbahn-Gesellschaft
am Freitag, dem 11. Mai 1934 nach Travemünde

Fahrschein Nr. 018 *

für Herrn *Obering. Roosen*

Berechtigt zum Durchschreiten der Bahnsteigsperre
in Hamburg Hbf., Lübeck und Travemünde Strand

Die Direktion

Persönliches Sonderbillet zur Vorstellungsfahrt des Henschel-Dampftriebwagens für Lübeck-Büchen.

Der Triebwagen mit Anhängewagen wurde von der LBE bei Linke-Hofmann, Breslau, in Auftrag gegeben. Als Leistung waren 300 PS vorgesehen, die auf zwei Dampferzeuger und auf zwei Antriebsmaschinen in einem der Drehgestelle verteilt wurden. Die Entwicklung dieser Dampferzeuger für eine Leistung von jeweils etwa 1 t Dampf/h bedeutete einen erheblichen Sprung gegenüber den Baugrößen im Straßenfahrzeug. Bei Erstellung des Entwurfes setzte sich Warren Doble von vornherein für eine uns ungewöhnlich erscheinende hohe Wandstärke derjenigen Rohrabschnitte ein, die zum Verdampfer- und Überhitzerbereich zählten. Die Rohrschlange war bei diesen Kesseln etwa 300 m lang; alle Hilfsmaschinen und natürlich auch die Dampfmaschinen mit ihrem Achsantrieb waren für diese Leistung vollständig neu zu konstruieren. Auch diese Aufgabe brachten wir etwa in Jahresfrist zustande, so daß der Triebwagen Nr. 2000 schon 1933 abgeliefert werden konnte. Er ist bei der LBE bis zum Übergang dieser Gesellschaft an die Deutsche Reichsbahn im Jahre 1937 auf den Strecken Lübeck — Hamburg und Lübeck — Büchen — Lüneburg, später beim Betriebswagenwerk der DR als DT 63 in Kassel im Einsatz gewesen.

Die LBE schaffte auch noch eine Kleinlokomotive an, Henschel Fabrik-Nr. 22 512, welche die 100-PS-Anlage der Straßenfahrzeuge erhielt. Die beiden Achsen wurden über Blindwelle und Ketten angetrieben. Diese Lok wurde auf der Strecke Kassel — Volkmarsen erprobt und in Lübeck im Rangierdienst und auf der Strecke nach Segeberg eingesetzt. Auf die technischen Erfahrungen mit diesen Fahrzeugen komme ich noch zurück.

Die Deutsche Reichsbahn bestellte 1932 bei Henschel zwei als DT 51 und DT 52 bezeichnete Dampftriebwagen mit Anhänger bei gleicher Antriebsleistung. Diese Triebwagen wurden bei der Waggonfabrik Wegmann in Kassel gebaut, wobei ich den hochangesehenen Inhaber dieses Werkes, August Bode, näher kennenlernte. Parallel dazu erhielt auch die Firma Borsig einen Auftrag über zwei vierachsige Dampftriebwagen, denen ein zweiachsiges Fahrzeug für die DR vorausgegangen war, in das man ein Original-Doble-Aggregat eingebaut hatte. Die Neukonstruktionen fanden in den beiden Firmen voneinander unabhängig statt.

Zwischendurch wurde mir ein großes Erlebnis zuteil, als mich Herr Henschel auf Anregung von Herrn Imfeld im Sommer 1933 zum Besuch der Weltausstellung in Chicago mitnahm. Unvergessen sind mir die Überfahrten auf der „Bremen" und „Europa" des Norddeutschen Lloyd und die vielen Eindrücke aus dem amerikanischen Leben. Herr Henschel, der außer Firmenbegegnungen noch andere Verabredungen wahrnahm, ließ mir dort meist freie Hand und gewährte mir noch eine Verlängerung des Aufenthaltes. Ich ergriff diese Möglichkeit natürlich mit Freuden, da ich mit seinen Einführungsschreiben auch noch Großfirmen der Automobilindustrie sowie weitere Fabriken und Verwaltungen des Eisenbahngebietes besuchen konnte.

Die erwähnten Dampftriebwagen waren nicht das einzige Projekt, mit dem wir uns damals auf diesem Gebiet befaßten. Eine von Herrn Imfeld gegebene Idee sah etwa vor, die kleine Anlage der Straßenfahrzeuge in Kurswagen der Reichsbahn einzubauen, wobei die Dampferzeugungsgruppe in einem der beiden Waschräume untergebracht werden sollte. Ein so ausgerüsteter Reisezugwagen hätte dann in einem Unterwegsbahnhof abgehängt werden und auf einer Nebenstrecke selbständig weiterfahren können, also zum Beispiel auf Kursen, wie die damals in Berliner Zügen mitgeführten Wagen Kassel — Bad Wildungen. Die schnelle Startbereitschaft der Doble-Anlage ließ das ohne weiteres möglich erscheinen.

Zu einer solchen Ausführung ist es nicht gekommen, sie brachte uns aber von vornherein auf den Gedanken, die Antriebe der Triebwagenmaschinen ausrückbar durchzubilden. Diese Lösung kam dann allen Dampftriebwagen zugute, da es so möglich wurde, eine etwa schadhaft gewordene Dampfmaschine mit einer aufgesteckten Handkurbel von ihrer Achse zu trennen. Hierfür sahen wir eine Schiebemuffe vor, die in eine Keilverzahnung der Achse und in die Stirnfläche eines an die Achse angeschmiedeten Flansches eingriff. Diese Konstruktion, gegen die anfangs aus Verschleißüberlegungen etliche Bedenken geäußert wurden, hat sich einwandfrei bewährt. Sie erlaubte auch, die Wagen im kalten Zustand im Ausbesserungswerk zu bewegen und Überführungsfahrten ohne Dampf zu unternehmen.

Mir ist allerdings nur ein einziger Fall auf der Strecke in Erinnerung, als bei einer der ersten Probefahrten mit dem LBE-Triebwagen bei der Durchfahrt durch den Bahnhof Grifte bei Kassel mit 100 km/h eine Dampfmaschine durch Bruch der niederdruckseitigen Kulisse der Stephensonsteuerung mit hörbarem Krach zu Schaden kam. Trotz Dunkelheit war die Maschine nach einer Schnellbremsung in weniger als zehn Minuten ausgekuppelt, so daß der Wagen mit einer Anlage die Fahrt fortsetzen konnte. Die Ursache für diesen Bruch konnten wir am nächsten Tag schnell aufklären: Im unteren Bogenteil der Kulisse war mit einem Stanzwerkzeug die Unterscheidungsbezeichnung „ND" (Niederdruck) eingeschlagen. Von dieser Kerbstelle nahm der Bruch seinen Ausgang. Man sieht, daß auch so nebensächliche Details wohl überlegt und auf der Zeichnung vorgeschrieben werden müssen.

Die Triebwagen-Dampfmaschinen haben sich im übrigen sehr gut bewährt. Es bedurfte jedoch einiger Zeit, um die beste Stopfbüchspackung sowie das geeignete Material und Spiel für die Kolbenringe herauszufinden, da wir im Interesse des Brennstoffverbrauches bestrebt waren, die Dampftemperatur möglich hoch einzustellen (400 bis 450° C). Messungen auf dem Prüfstand ergaben für mittlere Dampfdrücke, Füllungen und Drehzahlen einen Bestverbrauch von etwa 5 kg/PSeh Dampf.

Die Dampfmaschinen wurden im Triebzug ferngesteuert. Das Öffnen des Dampfentnahmeventils, die Einstellung der Füllung und der Fahrrichtung erfolgte nach einem von der Firma H. Becker, Berlin, entwickelten System durch kleine Elektromotoren. Auch die Kesseldruckanzeige wurde elektrisch übertragen, Triebwagen und Anhänger waren hierbei durch einen 126-poligen Stecker verbunden. An der Entwicklung war auch das RZA beteiligt.

Natürlich ergaben sich mancherlei kleinere Anstände mit diesen durchweg neu konstruierten und gebauten Antriebsanlagen, die aber unter aktiver Mitarbeit von Baurat Paul Mauck und seiner Mitarbeiter von der LBE schnell beseitigt werden konnten. Von Henschelseite nahm an all diesen Aufgaben wieder Dipl.-Ing. Piehler teil; oft kam ich ebenfalls von Kassel nach Lübeck zu Beratungen und Mitfahrt auf dem Triebzug herüber, für dessen Bewährung alle Beteiligten sich in bester Zusammenarbeit mit Erfolg einsetzten.

Ein Sorgenkind blieb die Auskleidung des Feuerraumes und zunächst auch die Befestigung des Innenbleches der isolierenden Rohrschlangenumhüllung an den

Zwischenringen des Kesselmantels. Dieses Problem lösten wir so, daß das Speisewasser auf seinem Weg zum Eintritt in die Rohrschlange zunächst durch ein in die U-förmigen Zwischenringe eingeschweißtes Rohr geführt wurde, wodurch sich eine gute Kühlung dieser Partie und gleichzeitig eine Vorwärmung des Wassers ergaben. Der Feuerraum der Original-Doblekessel bestand aus Nicrothermblech NCT 3, das von außen durch die Rohrschlange gekühlt wurde. Für Benzinfeuerung genügte, wie die Doble-Pkw zeigten, diese Bauweise. Bei der Triebwagengröße ergaben sich jedoch Verwerfungen und Risse, auch Anzehrungen an den Blechen. Als wir es mit dem noch höher temperaturbeständigen Blech aus NCT 8 versuchten, zeigte sich, daß diese Legierung nicht den Schwefelgehalt des Braunkohlenteeröles vertrug.

Letzten Endes führte uns diese Erfahrung dazu, bei späteren Ausführungen den Kesselaufbau umzukehren, den Wassereintritt also nach oben, den Feuerraum nach unten zu legen, um das Gewicht der offensichtlich notwendigen Steinauskleidung besser abzufangen. Diese Bauweise bewährte sich in Zukunft auch bei der großen Zahl solcher Dampferzeuger, die wir für stationäre Anwendungszwecke bauten — wobei sich übrigens die in der Ausmauerung gespeicherte Wärme beim Abschalten der Kessel entgegen einigen Befürchtungen nicht nachteilig auf die Regelung von Druck und Temperatur auswirkte. Die ersten Triebwagenkessel blieben in dieser Beziehung aber unverändert und bedurften eines entsprechenden Unterhaltungsaufwandes. Für später war dann der auf den Kopf gestellte Kessel vorgesehen.

Mit zunehmenden Laufkilometern stellte sich auch die Aufgabe, das Innere der Rohrschlange von Ablagerungen zu reinigen, die sich bei diesen Zwangsdurchlaufkesseln je nach den Betriebsbedingungen mit der Zeit in den Übergangszonen von Wasser zu Dampf bildeten. Die Abdampfkondensation kann durch Leckagen im Kreislauf, aber auch bei sommerlichen Spitzentemperaturen nicht jeden Wasserverlust vermeiden. Zur Wasserergänzung wurde im allgemeinen Kondensat und auch Regenwasser verwendet. Jedoch konnten hierbei nicht die Ansprüche erfüllt werden, die man bei stationären Anlagen dieser Art stellt. Schließlich kann auch die Abdampfentölung das Kondensat nicht ganz von Ölresten freihalten.

So bildeten sich mit der Zeit in bestimmten Bereichen der Rohrschlange, etwa in der Einspritzzone des Regelwassers, Verkrustungen, die durch Dampfspaltung in dem Raum zwischen Verunreinigung und Rohrwand zu Anzehrungen führten. Deren Lage konnte leicht an einer Beulenbildung erkannt werden. Ein chemisches Reinigen ergab jedoch nur Teilerfolge, da das Lösungsmittel sich auf diese Vermengung von Kesselstein und Koksteilchen aus Schmierölresten nicht genügend auswirkte.

Hier half eine von Baurat Mauck bei der Lübeck-Büchener Eisenbahn vorgeschlagene Methode. Durch die an ihren Enden freigelegte Rohrschlange ließ man Luft blasen, der etwas Stahlsand zugesetzt wurde. Am anderen Rohrende erschien dann kurzzeitig eine schwärzliche Wolke, bei deren Aufhellen die Reinigung als beendet gelten konnte. Vorsichtshalber herausgeschnittene Proben von ausgesprochenen Umlenkpunkten der Rohrschlange zeigten, daß die Rohrwand hierdurch nicht angegriffen worden war. Jedenfalls stellte die Reinhaltung der Rohrschlangen, wie die jahrelange Erfahrung bewies, kein ins Gewicht fallendes Problem mehr dar.

Auch bei den Triebwagenkesseln kam es anfangs gelegentlich zu Verpuffungen, die sich aber wenig bemerkbar machten, da der Abgaskanal an den zum Dach führenden Lüfterschacht angeschlossen war. Einen in seinem Ablauf einmaligen Vorfall möchte ich aber doch erzählen. An einer Abnahmefahrt mit dem DT 51 nahm auch der zuständige Dezernent des Reichsbahnzentralamtes Berlin, Reichsbahnoberrat Max Breuer teil. Breuer war auf dem Führerstand, Dr. Hinz und ich saßen in dem an den Kesselraum anschließenden Abteil für Reisende. Beim Block Lambert kurz vor Wilhelmshöhe legte sich plötzlich eine Druckwelle auf unsere Ohren, der ein lauter Knall folgte. Bei einem der beiden Kessel hatte die Zündung mit den schon vom Dampfwagen bekannten Auswirkungen ausgesetzt. Da die Tür zum Führerstand offen stand, flog die vordere Fensterscheibe heraus und mit ihr die Mütze des Triebwagenführers, die wir dann erst durch Zurücklaufen auf dem Gleiskörper suchen mußten. Natürlich wurde die Zündeinrichtung sofort abgestellt. Der Vorfall führte zu einer baulichen Verbesserung. Die Kessel hatten zum Ausspülen von Rußablagerungen in der unteren Partie eine nur mit Vorreibern befestigte Blechklappe, die dem Verpuffungsdruck nicht widerstanden hatte, so daß die Druckwelle direkt in den Maschinenraum eintreten konnte. Diese Reinigungsöffnung wurde deshalb künftig mit einer starken Tür mit kräftigem Bügelverschluß versehen. Ähnliches ist dann nicht wieder vorgekommen. Daß dieser Zwischenfall sich ausgerechnet bei Anwesenheit eines so prominenten Besuchers ereignen mußte, bestätigte die alte Erfahrung, daß derartiges gerade bei wichtigen Vorführungen zu passieren pflegt. Der Schreck wurde durch einen kräftigen Schluck Steinhäger gedämpft.

Die von Henschel an die Reichsbahn gelieferten Dampftriebwagen wurden im Raum Kassel eingesetzt und vom Reichsbahnausbesserungswerk Dessau unterhalten, wohin auch die von Borsig gebauten Triebwagen kamen. Der Werkdirektor, Reichsbahnrat H. Ridder, sorgte für eine sehr umsichtige Betreuung. Der Lübeck-Büchener Dampftriebwagen wurde, wie gesagt, nach der „Verreichlichung" der LBE ebenfalls der Reichsbahndirektion Kassel zugewiesen und hat noch bis in den Krieg hinein auf der Strecke Kassel — Karlshafen Dienst getan, während seine Schwesterwagen DT 51 und 52 bei Kriegsanfang durch den Mangel an Heizöl stillgesetzt wurden. Alle drei Wagen sind dann bei dem schweren Luftangriff auf Kassel am 22. Oktober 1943, bei dem auch das Betriebswagenwerk getroffen wurde, in Flammen aufgegangen.

Ich habe schon bei der Besprechung der Dampffahrzeuge für die Straße auf die steigenden Preise des Braunkohlenteeröles hingewiesen. Wir stellten in diesen Jahren deshalb Versuche mit Steinkohlenteeröl an, die schließlich zufriedenstellend verliefen und für einen weiteren Dampftriebwagen zugrundegelegt wurden, den die Reichsbahn um 1936 bei Henschel bestellte. Borsig hatte damals Versuche mit Schwelkoks gemacht, der sich, wie auch eigene Prüfstandsarbeiten mit festen Brennstoffen zeigten, bei Unterwindfeuerung wie ein Erbsenbrei gut auf dem Rost verteilen ließ. In Kassel wurde gleichzeitig ein großer Kessel von 3 t Dampferzeugung, der die Leistung der beiden kleineren Kessel zusammenfaßte, mit Stücksteinkohle erprobt. Bei den Kühlverhältnissen im Feuerraum zeigte es sich übrigens, daß eine Wanderrostfeuerung nicht rückzündete, sondern das einmal angelegte Feuer einfach hinaustrug. Es wurde daher eine Zündung von oben, wie bei einer Handfeuerung, durch eine Wurffeuerung angewandt. Auch für einen solchen Wagen stellte die Reichsbahn einen Auftrag in Aussicht.

Der Triebwagen mit steinkohlenteerölgefeuerten Kesseln wurde bei der Waggonfabrik Wismar bestellt, jedoch in der Erstellung der Fertigungsunterlagen und dem Genehmigungsverfahren gegenüber einem dort in Auftrag genommenen Dieseltriebwagen nicht in dem Maße gefördert, wie wir es angesichts der schnellen Fortschritte des Dieselantriebes für geboten hielten. Da es sich auch bei den neuen Dampftriebwagen wegen der anderen Brennstoffe um ein Experiment handeln mußte, wurde der Gesamtkomplex vom Henschel-Vorstand erneut überdacht. Wir sagten uns, daß die neuen Feuerungsarten, sei es durch größeren Platzbedarf und Gewicht, bei Kohle auch durch den Ascheanfall, den Dampfantrieb benachteiligen würden, wenn er an das Ende der Entwicklungskette geriete.

Dr. Hinz suchte deshalb mit mir 1937 den Ministerialrat Hermann Stroebe im Reichsverkehrsministerium zu Berlin auf und legte dort die Frage vor, ob uns bei sonst guten technischen Lösungen eine Gewißheit gegeben werden könne, daß die erwähnten Gesichtspunkte nicht eines Tages ein solches Gewicht erhielten, die Weiterverfolgung des ganzen Weges untunlich erscheinen zu lassen. Eine befriedigende Antwort konnte nicht gegeben werden. Wir erklärten daraufhin, daß die Firma Henschel, so sehr sie dies bei dem großen angesammelten Erfahrungsschatz bedauere, ihre Arbeit auf diesem Gebiet einstellen müsse. Diese Entscheidung rief bei der Reichsbahn Überraschung hervor; sie wurde von Borsig mit Erstaunen und aus der Konkurrenzlage heraus zunächst mit Befriedigung aufgenommen. Wir waren jedoch zu der Auffassung gelangt, daß der Dampfantrieb mit der sich schnell weiterentwickelnden Dieseltechnik nicht mehr Schritt halten könne, und daß wir unter diesen Umständen unsere Ingenieurkapazität besser anderen Aufgaben zuwenden sollten.

So kam eine Entwicklung zum Abschluß, die anfangs vielversprechend begonnen, aber durch die sich ändernden Umstände ihre Chancen verloren hatte. Diese Entwicklungsarbeit hat uns jedoch viel Wissen und Anregungen eingebracht, wie etwa für die Entstehung der Lokomotive mit Einzelachsantrieb und der Henschel-Pumpe. Hierauf werde ich bei den betreffenden Technikgebieten zurückkommen.

Zunächst möchte ich aber noch auf eine Auslandslieferung eingehen. Die Italienischen Staatsbahnen bestellten 1936 bei der Firma Officine Meccaniche, Mailand, die mit Henschel auf mehreren Gebieten Lizenzabkommen getroffen hatte, einen vierachsigen Dampftriebwagen, für den Kassel die Antriebsanlage lieferte. Dieser Triebwagen wich von den schon besprochenen Lieferungen insofern ab, als die Leistung nur 240 PS betragen sollte, so daß wir hierfür zwei Kessel der Lastwageneinheit verwenden konnten. Die Kondensationsanlage wurde wegen des geforderten seitlichen Durchgangs für Reisende nicht, wie bisher, beiderseits am Triebkopf, sondern unterhalb des Wagenkastens untergebracht; eine Anordnung, die schon bei den Diesel-Schnelltriebwagen der Reichsbahn üblich, wegen der hohen Kühlleistung der Dampfanlage bei den Doble-Triebwagen der DR und LBE bei deren Antriebsleistung jedoch nicht in Betracht gekommen war. Diese Kondensanlage mußte unter Berücksichtigung aller Zu- und Abführungsfragen für die Kühlluft vollkommen neu durchgebildet werden.

Die Erprobungsfahrten mit diesem Dampftriebwagen der FS, an denen ich zusammen mit unserem Montageingenieur Martin teilgenommen habe, führten hauptsächlich über Pistoia auf der alten Apenninstrecke mit ihren langen Steigungen von 25‰ nach Florenz und zurück durch den etwa 20 km langen Tunnel der damals neuen Direttissima. Die späteren Einsatzstrecken sind mir, da Versuchsakten heute fehlen, nicht mehr in Erinnerung. Wir hörten dann, daß der Wagen infolge der Brennstoffsituation während des Krieges in ein Dieselfahrzeug umgebaut worden sei.

Weitere Entwicklungen auf dem Dampfwagengebiet. Unser Dampfboot

Eine Beziehung, die der Zusammenarbeit auf dem Doblegebiet diente, entstand mit der Firma Sentinel in Shrewsbury, England. Sentinel war neben Foden die im Bau von Dampflastwagen mit Kohlefeuerung bekannteste der vielen englischen Firmen, die sich schon seit dem vorigen Jahrhundert mit dem Dampfantrieb für Nutzfahrzeuge und Triebwagen befaßt hatten. Henschel hatte bereits Anfang der zwanziger Jahre eine erste Verbindung aufgenommen, als man in Kassel zusätzliche Arbeitsgebiete suchte, welche die sehr zurückgehende Lokomotivfertigung ergänzen könnten. Damals fiel die Entscheidung bei Henschel jedoch zugunsten des Motorfahrzeuges.

Als Sentinel zu Anfang der dreißiger Jahre unter Anleitung von Abner Doble ebenfalls Versuche mit dem Dobleantrieb aufnahm, kam es zu einem neuen Kontakt und einem sehr aufgeschlossenen Erfahrungsaustausch zwischen den beiden Firmen auf diesem Gebiet, der mich öfter nach England führte. Sentinel hatte gemäß seiner Firmendevise „Burn British Coal" in Fortsetzung der großen Tradition auf dem Dampfwagensektor einen Doblekessel mit Koksfeuerung in Angriff genommen, der für unsere damals begonnenen eigenen Versuche mit festem Brennstoff von besonderem Interesse war. Der von Abner Doble in Shrewsbury geschaffene Prototyp zeigte beachtliche Anfangserfolge, über die man dann jedoch nicht hinausgelangte, zumal bei Sentinel durch einen Rückgang des Absatzes finanzielle Schwierigkeiten hinzukamen, die eine Umstellung der Fertigung auf andere Fabrikate, darunter den Bau von Dieselmotoren, zur Folge hatte.

Im Zusammenhang hiermit wurde aber noch einmal der alte Gedanke aufgegriffen, ob Henschel nicht doch im Hinblick auf die Brennstofflage in Deutschland den jahrzehntelang bewährten Sentinel-Dampfwagen bauen sollte. Ein solches Abkommen kam jedoch trotz eingehender Verhandlungen nicht zustande, insbesondere deswegen, weil bei den deutschen Behörden kein Interesse für diesen Gedanken zu wecken war. Wir hatten aber aus diesem Anlaß einen kohlegefeuerten Sentinel-Lastwagen der normalen Ausführung gekauft. Dieser hat sich in jahrelangem Einsatz bei unserer Firma bestens bewährt und gab mir Veranlassung, seine thermischen und betrieblichen Eigenschaften gründlich untersuchen zu lassen. Die Ergebnisse sind in einem Aufsatz meines Mitarbeiters Gerd Rüggeberg in der Automobiltechnischen Zeitschrift 1943 zusammengefaßt und in dieser Ausführlichkeit meines Wissens bis dahin noch nirgends veröffentlicht worden.

Die Meßfahrten führten uns mit Nutzlasten bis nach Dresden. Im Hügelgelände erwies sich die Dampfmaschine ähnlich einer Motorbremse als wertvolle Zusatzbremseinrichtung, deren Wirkung wir schon bei der in Kassel durchgeführten Indizierung der Zylinder piezoelektrisch untersucht hatten. Gegenüber einer Antriebsleistung von 80 PSi konnte die Bremsleistung auf 118 PSi gesteigert werden.

Als gegen Kriegsende die Versorgung mit flüssigen Brennstoffen in eine verzweifelte Lage geriet, erhoben sich Rufe nach einer solchen Lösung. Aber da war es zu spät. Es ist damals bei Škoda sogar ein Panzer versuchsweise mit zwei englischen Dampfanlagen ausgerüstet worden, ohne daß allerdings eine sinnvolle Unterbringung gelingen konnte.

Abner Doble hat nach seiner Rückkehr in die USA noch intensiv an der Weiterentwicklung des Dampfantriebes gearbeitet. Seine Pläne und Ergebnisse, die er mit dreifacher Expansion und Dampftemperaturen bis 500° C erzielte, zeigte er mir bei meiner USA-Reise Ende 1949 in Chicago. Diesem Ziel ist er bis zu seinem Tode vor etwa zehn Jahren treu geblieben. Warren Doble, mit dem ich weiter in freundschaftlichem Kontakt stehe, hat sich nach seiner Kasseler Zeit anderen Technikgebieten zugewandt, gilt aber auch heute noch bei allen neuerdings in den USA auf diesem Gebiet wieder versuchten Ansätzen als der Pionier einer großen Ingenieurleistung.

Obgleich nach Kriegsende in Deutschland das Stichwort Dampfwagen wieder aufkam, hat sich bei Henschel auf diesem Gebiet nichts mehr getan, zumal für Neuentwicklungen zunächst überhaupt alle Voraussetzungen fehlten. Einige der Dampflastwagen der Deutschen Reichsbahn hatten den Krieg überlebt, wurden dann jedoch bald ausgemustert. Den Bau von Dampferzeugern nach dem Doble-Prinzip hat Henschel aber noch bis in die Gegenwart fortgesetzt, wobei wir zur stationären Anwendung in der Verfahrenstechnik Einheiten für Drücke bis 200 atü und Dampftemperaturen bis 550° C entwickelten; sie werden auch weiterhin gebaut. Diese öl- oder gasgefeuerten Dampferzeuger mit ihrem geringen Platzbedarf, ihrer schnellen Betriebsbereitschaft, den wegen des geringen Kesselinhalts vereinfachten Überwachungsvorschriften und bei der weiter fortgeschrittenen Regeltechnik können allen Ansprüchen angepaßt werden.

Um das Bild unserer Versuche mit Doble-Dampfanlagen abzurunden, will ich noch einige Erfahrungen auf zwei Anwendungsgebieten anfügen, die sich nicht auf ausgesprochene Nutzfahrzeuge bezogen. Das eine war der Dampf-Pkw. Mit dem schönen Doblewagen von Oscar R. Henschel wurden ausgedehnte Fahrten gemacht, sei es mit 140 km/h auf der Avus, sei es über die Alpen bis Rom. Überall erregte das Fahrzeug großes Aufsehen durch seine Geräuschlosigkeit, sein hervorragendes Beschleunigungsvermögen und auch dadurch, daß beim Öffnen eines Schraubverschlusses auf dem Stirnkühler (Kondensator) in schneller Folge Auspuffstöße mit kleinen Abdampfwolken Überraschung auslösten. Als 1933 Prinz Philipp von Hessen durch Hermann Göring in sein neues Amt in Kassel eingesetzt wurde, stellte die Firma diesen Wagen mit unserem Fahrer Rohleder für die offiziellen Rundfahrten zur Verfügung.

Der Wagen mußte, da er wie alle Vorgänger aus der Fertigung in Emeryville Benzinfeuerung hatte, Anfang des Krieges stillgelegt werden. Als die Bedrohung Kassels durch die englische Luftwaffe zunahm, bereitete ich seine Sicherstellung in einen ländlichen Abstellraum vor. Ich hatte dafür bereits eine kleine Bezinmenge organisiert, als Kassel durch den Terrorangriff vom 22. Oktober 1943 getroffen wurde und als einziges Firmengebäude unsere Pkw-Garage — und mit ihr der Wagen — zerstört wurde. Heute werde ich an diese hochinteressante Entwicklungsarbeit nur noch durch eine Eintragung in meinem Führerschein erinnert, der 1933 auf die Führung von Kraftwagen der Klasse 3 mit Antrieb durch Dampfmaschinen erweitert wurde.

Das andere, mehr sportliche Anwendungsgebiet betraf den Bau eines Dampfbootes mit Dobleantrieb, das 1933/34 auf Anregung von Herrn Imfeld entstand. Der erste Entwurf sah vor, den Dampferzeuger in der vorderen Bootshälfte aufzustellen und die Abgase durch einen Blechkanal ans Heck zu leiten. Inzwischen hatte ich aber an den Dampf-Pkw schon einige Erfahrungen mit Knallern durch Nachzündungen im Auspuff gesammelt, so daß mir diese Anordnung als recht gefährlich erschien.

Wir entschieden uns deshalb für eine Unterbringung am Bootsende, und da das Boot in Hecknähe für eine senkrechte Aufstellung des Kessels zu flach war, legten wir diesen „einfach" waagerecht, ohne daß deshalb seine Funktion in Unordnung geriet. Die Dampfmaschine von 100 PS blieb, schon aus Gründen der Gewichtsverteilung, auf halber Bootslänge. Die Anpassung und Montage übernahm auf Bitte von Herrn Imfeld Warren Doble, der dazu einige Monate nach Berlin ging, wo das Boot auf der Werft von Claus Engelbrecht am Müggelsee gebaut und anschließend in Betrieb gehalten wurde. Es diente einige Zeit zu Fahrten mit Firmengästen und gefiel durch seinen fast lautlosen Betrieb und seine hohe Beschleunigung.

Heute werde ich durch meine Vertrautheit mit dieser Materie oft gefragt, ob ich im Dampfantrieb eine brauchbare Lösung für das Abgasproblem von Straßenfahrzeugen sehen würde. Ich habe dazu stets Zweifel geäußert. Die Abgaszusammensetzung ist zwar günstiger, insbesondere der Gehalt an Stickoxyden viel niedriger als bei Motorabgasen. Andererseits ist durch den — bisher wenigstens — spezifisch höheren Brennstoffverbrauch, der ja auch die wirtschaftliche Seite berührt, die Abgasmenge, auf die gleiche Leistung bezogen, größer.

Bei den Zielen, die man sich für einen konkurrenzfähigen Dampfantrieb stellen muß, vor allem Verbrauchs- und Gewichtsminderung und geringerer Platzbedarf, wird es weiterer intensiver Entwicklungsarbeit bedürfen, um die letzten Möglichkeiten aller modernen Konstruktions-, Werkstoff- und Fertigungstechniken auszuschöpfen, verbunden mit einem hohen Kapitaleinsatz. Auch könnten Fortschritte, die das Motorfahrzeug während einer solchen Entwicklungszeit durch Vorschriften und Bemühungen um Senkung des Bleigehaltes im Brennstoff, durch Verbesserungen des Verbrennungsablaufes im Motor sowie die schon angelaufenen Versuche mit anderen flüssigen oder gasförmigen Brennstoffen einem fortschrittlichen Dampfwagen wieder den Boden entziehen, ganz abgesehen davon, daß auch die Voraussetzungen für eine Massenfertigung erst noch geschaffen werden müßten. Ich denke dabei auch an die Barriere, die unseren eigenen Arbeiten in den dreißiger Jahren durch die starke Preissteigerung des Braunkohlenteeröles entstand.

Die bekannte Smog-Situation in Los Angeles hat in den letzten Jahren dort zu einem neuen Anlauf geführt, das Abgasproblem über den Dampfantrieb zu entschärfen. Es wurden drei vorhandene Omnibusse mit Konstruktionen mehrerer amerikanischer Firmen mit Antriebsleistungen von 240, 250 und 275 PS ausgerüstet. Ohne hier auf die fortschrittlichen, zum Teil ingeniösen technischen Einzelheiten eingehen zu können, ist zu sagen, daß bisher auch bei diesen Versuchsfahrzeugen der Verbrauch an Dieselkraftstoff im Vergleich zum Dieselbus noch viel zu hoch ist. Die Bemühungen um Verbesserungen gehen aber bei diesem California Steam Bus Projekt weiter. Inzwischen ist noch ein viertes Fabrikat, mit Turbinenantrieb, hinzugekommen. Diese Entwicklungen, mit denen ich nur indirekt über den Consulting Engineer der Gruppe in Verbindung stehe, sei als Beispiel angeführt, daß der Dampfwagengedanke noch nicht fallengelassen worden ist, aber weiterhin vor betriebswirtschaftlichen Problemen steht.

III. Die Henschel-Kondenslokomotive
Bau und Erfahrungen mit der ersten Kondenslok für Argentinien

Viele Eisenbahnen der Welt standen in der Zeit der Dampflokomotive weniger vor Brennstoffproblemen als vor großen Schwierigkeiten bei der Wasserversorgung. Die Henschel-Kondenslokomotive stellt eine Sonderbauart der Kolbendampflokomotive zur Lösung dieses Problems dar. Sie hat eine umfangreiche Verwendung unter sehr verschiedenen Betriebsverhältnissen gefunden. Ich wurde schon wiederholt aufgefordert, ihre Entstehungs- und Entwicklungsgeschichte darzustellen, zumal ich sie ja von Anfang an miterlebt hatte. Die vorliegende Niederschrift bietet dazu nun eine willkommene Gelegenheit.

Mit dem Wort: Kondensation verbindet sich gewöhnlich die Vorstellung an ein Vakuum, wie es bei stationären und bei Schiffsdampfanlagen üblich ist. Die bereits erwähnten deutschen Turbinenlokomotiven sind, da sie eine möglichst hohe Brennstoffersparnis anstrebten, für Vakuumbetrieb gebaut worden. Es hat zwar auch eine Reihe von Turbinenlokomotiven in Italien, Schweden, England und USA gegeben, die mit Auspuff arbeiteten. Bei diesen waren die leitenden Gedanken aber lediglich das gleichmäßige Anfahrmoment, die gute Ausnutzung des Reibwertes und der vollkommene Massenausgleich.

Bei der Entstehung der Henschel-Kondenslokomotive hat eine schon vorhandene Turbinenlokomotive eine Rolle gespielt. Die Argentinischen Staatsbahnen (Ferro Carril del Estado) suchten Anfang der zwanziger Jahre nach einer Lokomotivbauart, die in der Lage wäre, auf den sehr wasserarmen Strecken ihres Netzes besser zurechtzukommen. Einen besonderen Anstoß dazu gab eine lange Dürreperiode im Chacogebiet der Bahn, wo im Jahre 1917 das Speisewasser für die Lokomotiven über 500 km mit Tankwagen herangeschafft werden mußte.

Die Ferro Carril del Estado schloß deshalb 1923 einen Kontrakt mit der Firma Nydquist & Holm, Schweden, für den Bau einer ölgefeuerten Ljungström-Turbinenlokomotive ab. Die Ausführung dieser Maschine war vom Standpunkt des konventionellen Lokomotivbaus ungewöhnlich. Sie lehnte sich an eine ähnliche Turbinenlok an, die diese Firma zuvor an die Schwedischen Staatsbahnen geliefert hatte, und bestand aus einem vorauslaufenden, nur auf Laufachsen abgestützten Kesselfahrzeug, das mit einem von der Hauptturbine angetriebenen Tender verbunden war. Der Kondensator auf dem Tender arbeitete mit Vakuum und war ausschließlich luftgekühlt. Die Lokomotive erhielt außerdem in der Rauchkammer einen rotierenden Ljungströmvorwärmer für die Verbrennungsluft, die mittels Ventilator in die Feuerbüchse eingeblasen wurde. Beide Maßnahmen bezweckten eine namhafte Brennstoffersparnis, der Kondensationsbetrieb zudem eine weitgehende Rückgewinnung des Speisewassers.

Das letztere Ziel wurde sehr zufriedenstellend erreicht. Die Brennstoffersparnis blieb aber untergeordnet, da in der heißen Jahreszeit nur ein geringes Vakuum erzielt werden konnte, wodurch die Lokomotivleistung abnahm. Durch den ziemlich komplizierten Aufbau stellten sich verschiedene Unzulänglichkeiten und Unterhaltungsschwierigkeiten ein, die bei den Personalverhältnissen des Betriebes ins Gewicht fielen, obwohl kein Zweifel bestand, daß diese Schwierigkeiten mit Geduld und im Laufe der Zeit hätten überwunden werden können.

Die Lokomotive hatte aber den unbestreitbaren Nachweis erbracht, daß eine Kondensation durch reine Luftkühlung selbst bei den hohen, oft 40° C überschreitenden Außenlufttemperaturen zuverlässig möglich war. Auf Grund dieser Beobachtung suchte der damalige Chefingenieur der Bahn, K. V. Knudson, nach einer Lösung für die Wasserrückgewinnung durch Luftkühlung ohne die Komplikation eines Vakuumbetriebes. Hier schaltete sich die Firma Henschel, die inzwischen über Erfahrungen mit dem Abdampfturbinentriebtender verfügte, in die Überlegungen ein. Die Triebtenderkonzeption selbst kam hier nicht in Betracht, da ihr Rieselkondensator etwa 75 Prozent der Wassermenge einer gleichstarken Auspufflokomotive verbrauchte. Sie erbrachte zwar einen sauberen Kessel und eine gute Brennstoffersparnis, löste aber nicht das Problem einer weitgehenden Wassereinsparung.

Direktor Imfeld machte über Baurat S. I. Walter Hardebeck, der zusammen mit unserer Vertretung in Argentinien die Verhandlungen wahrnahm, der Bahn den Vorschlag, die bewährte Kolbendampflokomotive mit einem auf dem Tender untergebrachten luftgekühlten Kondensator zu verbinden, der bei Atmosphärendruck arbeitete. Dieser Vorschlag wurde von Chefingenieur Knudson begeistert aufgenommen. Wie mir Herr Imfeld damals sagte, war für ihn bei dem Vorschlag maßgebend, daß unsere Triebtenderlokomotive inzwischen bewiesen hatte, daß die Schmierölabscheidung aus dem Abdampf zufriedenstellend gelöst werden konnte; eine Erfahrung, die vorher auf einige Zweifel gestoßen war und wohl bei dem Erstversuch der Argentinischen Staatsbahnen zur Wahl eines Turbinenantriebes beigetragen hat.

Die Kondensation bei atmosphärischem Druck, das für die Henschel-Kondenslokomotive kennzeichnendes Merkmal, machte alles Zubehör überflüssig, das ein Vakuumbetrieb erfordert hätte, und ergab insbesondere ein höheres Temperaturgefälle zwischen Abdampf und Umgebungsluft, wodurch sich die Abmessungen des luftgekühlten Kondensators wesentlich verkleinern ließen.

Die Argentinischen Staatsbahnen erteilten Henschel 1930 den Auftrag zu einer Versuchsausführung. Für diese wurde die bei der Bahn bereits in 135 Exemplaren vorhandene ölgefeuerte Mikadobauart, also eine 1'D1'-Achsanordnung, gewählt. Es ergab sich der Vorteil, daß die Neuerung mit den in Betrieb befindlichen Lokomotiven gut verglichen werden konnte. Diese erste Henschel-Kondenslokomotive wurde als „Sistema Argentino" bezeichnet und volkstümlich auch „Camel-Lokomotive" genannt, da sie große Entfernungen zurücklegen konnte, ohne Wasser zu nehmen. Sie erhielt die Henschel-Fabriknummer 21920. Die Maschine wurde 1931 geliefert und auf der Strecke Santa Fé — Tucuman in den Provinzen Santa Fé und Santiago del Estero unter Mitwirkung von Herrn Hardebeck einem neunmonatigen Versuchsbetrieb unterworfen, der einen vollen Erfolg brachte. Die Wasserersparnis der Lokomotive betrug im Durchschnitt 95 Prozent!

Mit der Konstruktion hatten wir 1929 begonnen, wobei die eigentliche Lokomotive vom Henschelbüro TB 1 aufgegeben wurde, während mir als Leiter des Studienbüros die Durchbildung des für den Kondensbetrieb auf der Lokomotive erforderlichen Zubehörs und der Kondensationsanlage übertragen wurde.

So einfach der Grundgedanke war, handelte es sich bei dieser Aufgabe doch um viel Neuland, da zahlreiche Funktions- und Bemessungsfragen untersucht und entschieden werden mußten. Hieran nahm Herr Imfeld neben seinen übrigen, das ganze Fertigungsgebiet der Firma umfassenden Aufgaben regen Anteil.

Die hauptsächlichen Baugruppen der Kondensausrüstung bildeten die Saugzuganlage sowie der Kondensator mit den Lüfterrädern und deren Antrieb. Es war folgendes zu bedenken: Die an den Turbinenlokomotiven gesammelten Erfahrungen hatten die wärmetechnischen Nachteile eines Frischdampfbetriebes der Hilfsmaschinen deutlich gemacht. Dazu kam noch die der wechselnden Belastung der Lokomotive anzupassende Regulierung der Kühlluftförderung. Je nach Zuglast und Gelände schwankte die dem Kondensator zugeführte Dampfmenge bei einer Zugfahrt in weiten Grenzen, und trotzdem soll die Temperatur des Kondensats im Interesse eines guten thermischen Gesamtwirkungsgrades möglichst nahe der Siedegrenze liegen, also etwa bei 90° C.

Wir wählten deshalb für den Antrieb der Ventilatoren eine Abdampfturbine, die vom gesamten Abdampf der Zylinder beaufschlagt wurde. Diese Konzeption bot gleichzeitig die erwünschte automatische Anpassung der Turbinenleistung an den Leistungsbedarf. Die Drehzahl der Ventilatoren und damit die geförderte Kühlluftmenge richtete sich nach der jeweils anfallenden Dampfmenge.

Die Abdampfturbine bestellten wir bei der Züricher Firma Escher Wyss, mit der schon durch das Zoelly-Turbinenlokomotiv-Syndikat ein enger technischer Kontakt bestand. Zwischen der mit maximal 7000 U/min. laufenden Turbine und der Antriebswelle für die Ventilatoren wurde ein mit der Turbine vereinigtes Reduktionsgetriebe vorgesehen, das ebenfalls zur Schweizer Lieferung gehörte. Die Lüfterräder mit ihren Antriebsvorgelegen bauten wir selbst. Bei ihrer aerodynamischen Gestaltung beriet uns Professor Dr. A. Betz vom Kaiser-Wilhelm-Institut für Strömungsforschung in Göttingen.

Beim Kondensator entschieden wir uns für die Bauart der GEA-Luftkühler-Gesellschaft, Bochum, deren Kühlelemente aus mit Rippen besetzten, elliptisch geformten, gestaffelten Kühlrohren hohen Effekt bei niedrigem Leistungsbedarf ergaben. Die Kühlaufgabe bestand darin, die 7000 kg/h Abdampfmenge bei einer maximalen Umgebungstemperatur von 40 bis 45° C zu kondensieren, also bis zu 4 Millionen kcal/h abzuführen. Diese Aufgabe wurde innerhalb der durch den Tender gezogenen räumlichen Grenzen bestens gelöst, wobei der Inhaber der GEA und Urheber dieser Kühlelemente, Herr Otto Happel, der Aufgabe besonderes Interesse zuwandte.

Beiderseits des Tenders wurde der Kondensator in jeweils sechs Elemente aufgeteilt und durch einzelne Rohrkrümmer an die links und rechts im Tenderdach verlaufenden Abdampfleitungen angeschlossen. Das Kondensat lief dann einem Sammelbehälter zu.

Da die meterspurige Lokomotive nicht auf Reichsbahngleisen ausprobiert werden konnte, stellten wir vorübergehend Überlegungen an, ob dies auf der Kasseler Herkulesbahn oder auf der Harzquerbahn möglich sein würde. Beide Bahnen erwiesen sich jedoch schon wegen der Trassen- und Krümmungsverhältnisse als ungeeignet, so daß wir, um das Turbinen-Kondensator-System wenigstens funktionell überprüfen zu können, auf einem Flachgüterwagen ein Kondensatorelement mit kleiner Abdampfturbine nebst Ventilator aufbauten, die von einer Hoflokomotive mit Dampf versorgt wurde.

Die Speisung des Lokomotivkessels mit Kondensat brachte natürlich auch die Korrosionsfrage ins Gespräch. Die Erstlieferung sah deswegen Luftabsaugung an einem abgetrennten Teil des Kondensatsammelkastens vor, die sich aber als unnötig erwies und bei späteren Lieferungen fortgelassen wurde, da die Lokomotive 7034 nach Inbetriebnahme keinerlei Korrosionsschäden an den Heizflächen aufwies. Um den Kreislauf von Kesselstein völlig freizuhalten, wurde das aus dem Rohwassertank für unvermeidliche Kreislaufverluste entnommene Wasser in einem kleinen frischdampfbeheizten Verdampfer aufbereitet. Die erzeugten Schwaden gingen in den Kondensator, während der von den kupfernen Rohrschlangen abspringende Kesselstein durch eine Schwenktür entfernt wurde. Auf diese Weise blieb der Kessel auch ohne chemische Zusätze hervorragend sauber.

Diese Einzelheiten sind hier als Beispiel dafür angeführt, daß und wie man sich in einem noch unbekannten Bereich abzusichern sucht, wenn die spätere Betriebserfahrung dann auch zuweilen zeigt, daß manches fortgelassen werden kann.

Als Speiseorgane für den Kessel kamen wegen der hohen Kondensattemperatur Injektoren nicht infrage. Stattdessen wurden Knorr-Kolbenspeisepumpen verwendet. Um die Ansaugwirkung der Pumpen sicherzustellen, wurde ein Teil der Fördermenge aus der Druckleitung über eine Düse in die Zulaufleitung zurückgeführt. Dieses Verfahren hat sich gut bewährt.

Der Abdampf der Speisepumpen, der Bremsluftpumpe und der Lichtmaschine wurde in die Abdampfleitungen geführt. Üblicherweise arbeiten Ölbrenner für Lokomotiven mit Dampfzerstäubung, wobei etwa 0,5 kg Dampf pro kg Heizöl benötigt wird. Um diesen Dampfverlust zu vermeiden, wurde das Heizöl bei unserer Lokomotive durch eine dampfbetriebene Kolbenpumpe, deren Abdampf ebenfalls in die Abdampfleitung ging, über zwei seitlich der Stehkesselrückwand angeordnete Brenner mit 10—25 at feinzerstäubt eingespritzt. Nach einiger Betriebserfahrung wurde dann aber doch etwas Frischdampf durch eine Umhüllung der Düsen zugegeben. Um auch die Abblasverluste über die Sicherheitsventile klein zu halten, wurde das eine Ventil an die Abdampfleitung angeschlossen, während das andere, das ins Freie abblasen konnte, etwas höher eingestellt war.

So war alles getan, um die Dampfverluste so niedrig wie möglich zu halten. Diese Maßnahmen, die nennenswert zu dem ausgezeichneten Resultat beigetragen haben, gingen soweit, die Dampfpfeife durch einen Drucklufttyphon zu ersetzen. Dadurch trat im Betrieb der kuriose Fall auf, daß bei langanhaltendem Pfeifen der Luftdruck im Hauptluftbehälter soweit abfiel, daß die Zugbremse einsetzte, ein Bremsen also über das Signalhorn möglich war.

Für die Saugzuganlage, die anstelle des üblichen Blasrohrs treten mußte, wurde ein Zentrifugalgebläse verwendet, das auf einer quer durch die Rauchkammer angeordneten Welle saß. Als Antrieb diente eine kleine, hochtourig über ein Getriebe arbeitende Frischdampfturbine, deren Abdampf natürlich auch aufgefangen wurde. Die Weißmetallager des Getriebes erwiesen sich indessen als recht anfällig. Sie bildeten laut Bericht der Argentinischen Staatsbahnen die einzige Störungsquelle, die an der Lokomotive auftrat. Nach Abschluß der Erprobungsfahrten haben wir die Anordnung deshalb durch ein Turbinenrad ohne Vorgelege ersetzt, wonach die Saugzuganlage dauernd störungsfrei lief. Die Regulierung der Feueranfachung von Hand blieb indes, wie schon bei den erwähnten Turbinenlokomotiven, auch bei dieser Lokomotive schwierig, wenn auch in dem weitoffenen Gelände einem rauchfreien Fahren nicht die gleiche Bedeutung zukam wie anderswo.

In der Zwischenzeit war für die deutschen Turbinenlokomotiven und für die Triebtenderlok eine Saugzugbauart entwickelt worden, bei der das Gebläserad durch eine Abdampfturbine angetrieben wurde. Hierdurch wurde auch für die Feueranfachung die selbsttätige Anpassung der Verbrennungsluftmenge an die jeweilige Lokomotivbelastung verwirklicht. Spätere Kondenslokomotiven erhielten deshalb ebenfalls diese Saugzugausführung.

Die Lokomotive wurde am 15. August 1931 in Hamburg verladen und kam am 28. September in Santa Fé an. Nach der Montage und ersten Probefahrten, bei denen sich einige kleinere Änderungen als wünschenswert oder notwendig erwiesen, begann die Argentinische Versuchskommission am 11. Januar 1932 mit den offiziellen Versuchsfahrten, die laut Vertrag neun Monate dauerten. Zwischendurch wurde sie bei einer nationalen Eisenbahnausstellung in Buenos Aires auch dem Präsidenten der Republik vorgeführt.

Über die mit der Lokomotive 7034 erzielten Ergebnisse gibt ein vom Werkstätten- und Beschaffungsleiter der Bahn, Pedro A. Belfiore, am 16. Juni 1933 vor der Argentinischen Sektion der Institution of Locomotive Engineers gehaltenen Vortrag einen guten Überblick, dem folgende Angaben entnommen sind: „Während der offiziellen Versuchsfahrten wurden 29 380 km zurückgelegt. Ein Lauf führte durchgehend über 1958 km in 109 Stunden, wobei nur an Kreuzungspunkten und zur Übernahme neuer Personale kurze Pausen entstanden. Die Durchschnittslast betrug 1110 t. In der Versuchsperiode wurden 27 686 040 tkm entsprechend einer mittleren Zuglast von 942 t befördert. Die hierbei verdampfte Wassermenge betrug 5 101 415 Liter, der gesamte Wasserverbrauch der Lokomotive während dieser Zeit 242 880 Liter (also nur 4,5 Prozent). Der mittlere Wasserverbrauch bei dieser Betriebsart folgt daraus zu 8,27 Liter/km. Der Heizölverbrauch betrug 18,1 Liter/km. Für Einsätze mit längeren Durchläufen ergaben sich ein durchschnittlicher Verbrauch von 7 Liter Wasser und 17 Liter Heizöl pro km."

In dem Bericht heißt es weiter, daß die Lokomotive sich hinsichtlich Sicherheit, Robustheit und Wirtschaftlichkeit als vollkommen befriedigend erwiesen hat. Sie verursachte niemals Zugverspätungen. Das Personal war schnell mit ihrer Handhabung vertraut. Zu der auch interessierenden Frage der Ölabscheidung steht dort: „Der Ölabscheider erwies sich trotz seiner einfachen Bauart als sehr wirksam. Bei einer Kesselrevision nach 30 000 km fand sich nur ein leichter Ölfilm an der Kesselwandung oberhalb des normalen Wasserspiegels. Die Decke der Feuerbüchse und die übrige Kesselheizfläche waren sauber".

An besonderen Betriebsvorkommnissen sei noch der gelegentliche Wanderheuschreckeneinfall erwähnt. Diese etwa 6 cm langen, Locusten genannten Tiere besetzten einmal einen 80 km langen Streckenabschnitt, so daß der Zug aufgeteilt werden mußte, um ihn ohne dauerndes Schleudern über die Strecke zu bringen. Zwar setzte man, wie unser Montageingenieur Otto Leckert berichtete, auf den Kuhfänger zwei Männer, die mit Besen das Gleis säuberten, aber die Locusten krochen zwischen den Kuppelachsen wieder auf die Schienen. Eine übliche Abwehrmethode der dortigen Farmer besteht darin, daß im Gelände etwa ¹/₂ m hohe Blechwände mit vorgelegten Gräben errichtet werden, in denen die Tiere sich sammeln und vernichtet werden können. Ein anderer interessanter Vorfall ergab sich am 15. April 1932 durch einen Vulkanausbruch in den Anden, dessen in die Atmosphäre geschleuderte Staubwolken über Argentinien hinzogen. Dieser Staub wurde auch vom Kondenstender angesaugt, so daß man mit der Bürste eine Beschriftung über die Rippenvorderkanten ziehen konnte.

Die Kondenslokomotive fand als Lösung des Speisewasserproblems vieler Bahnen in einer Zeit, als die Diesellokomotive noch in ihren Anfängen steckte, in Fach- und Bahnkreisen sogleich eine sehr interessierte Aufnahme, wie zahlreiche Anfragen zeigten. Als Firma versprachen wir uns unter der weltweiten Wirtschaftskrise der damaligen Jahre von dieser Sonderbauart, die auch Umbauten vorhandener Lokomotiven zuließ, eine besondere Chance für den fast ganz darniederliegenden Export.

Es kam aber wegen der allgemein schwierigen finanziellen Lage erst im Jahre 1937 zu einer weiteren Bestellung der Argentinischen Staatsbahnen auf sechs Kondenslokomotiven. Diesmal handelte es sich um eine 2'D1'-Mountain-Bauart, von der bei Henschel gleichzeitig 15 Stück in Normalausführung in Auftrag gegeben wurden. Auch bei diesen Verhandlungen hat sich Herr Hardebeck erfolgreich eingesetzt. Sie erschienen aus Kasseler Sicht recht kompliziert, so daß beschlossen wurde, mich per „Graf Zeppelin" nach Buenos Aires zu schicken. Diese Reise wurde dann aber durch ein zwischen Herrn Hardebeck und mir geführtes langes Ferngespräch — leider — entbehrlich.

Die sechs Lokomotiven erhielten die Fabriknummern 23 904—23 909 und die Betriebsnummern 8000—8005. Über den Betrieb dieser 1938 abgelieferten Kondenslokomotiven, die außer dem schon erwähnten verbesserten Saugzuggebläseantrieb im funktionellen Aufbau der Lokomotive 7034 entsprachen, liegen leider wenig detaillierte Angaben vor, zumal unserem mit der Ablieferung und der ersten Betriebsüberwachung betrauten Ingenieur Heinrich Carl sämtliche persönlichen Betriebsaufzeichnungen und Streckenfotos durch die Zeitumstände verlorengegangen sind. Die Maschinen machten Dienst auf den Strecken von Cordoba über Chepes — Cruz del Eje — San Juan am Fuße der Anden. Sie waren dabei, wie uns Herr Carl nach dem Kriege berichtete, immer sechs Tage mit dreimaligem Personalwechsel auf der Strecke und kamen erst am siebten Tage wieder ins Maschinenhaus zurück, so daß nur jeweils eine Lok im Heimatdepot war, also wie heutzutage Diesellokomotiven eingesetzt werden.

In den Jahren von 1939 bis 1944 hat jede Lok über 200 000 km zurückgelegt. Die erste Zwischenuntersuchung fand nach etwa 140 000 km im Jahre 1941/42 statt, wobei sich die Kondensanlagen als vollkommen in Ordnung erwiesen. Es brauchten nur die Radreifen der Loks abgedreht zu werden. Gegen Kriegsende erhoben sich natürlich Ersatzteilfragen, die wir von Deutschland aus wegen des zunächst bestehenden Kontrollratsverbotes für Lieferungen auf dem Lokomotivsektor nicht erfüllen konnten. Die Maschinen sind deshalb irgendwann nach 1945 in die Normalausführung zurückgebaut worden.

Zeitlich folgte der ersten Kondenslok für Argentinien 1932 ein Auftrag der Sowjetischen Bahnen über den Umbau einer E-Güterzuglokomotive auf Kondensbetrieb, die im übernächsten Abschnitt besprochen wird. Hier sei zunächst noch auf die Bemühungen um Kondensaufträge für Übersee eingegangen. In den Vorkriegsjahren wurden auf Anfragen vieler überseeischer Bahnen Projekte und Angebote gemacht. Die Wirtschaftskrise und ihre Folgen vereitelten aber manche ernste Beschaffungsabsicht. In einem Falle spielten auch noch andere Überlegungen hinein. Bei einer Verhandlung in London im Jahre 1936 über unsere Vorschläge für die Wüstenstrecke Alexandria — Sollum, auf der besonders schwierige Wasserverhältnisse vorlagen, leuchtete dem Kunden zwar die Kondensversion sehr ein. Die zuständigen Consulting Engineers warfen jedoch die Frage auf, wie es mit der Ersatzteilversorgung aussehen würde, falls ein Krieg ausbräche. Wir erklärten aus Überzeugung eine solche Eventualität für ausgeschlossen, konnten aber diese Befürchtung nicht zerstreuen. Die spätere Entwicklung gab unseren Gesprächspartnern leider recht.

1938 kam es jedoch zu einem Auftrag der Irakischen Staatsbahnen zum Umbau einer 2'C-Lokomotive auf Kondensationsbetrieb. Die Strecke Bagdad — Basrah, auf der diese Lokomotive eingesetzt werden sollte, gehört zu dem meterspurigen Teil des irakischen Bahnnetzes. Sie war ursprünglich als Abschnitt der normalspurig projektierten deutschen Bagdadbahn geplant und wurde im Ersten Weltkrieg von den Engländern mit Meterspur betrieben, wobei vorhandene meterspurige Lokomotiven aus Britisch Indien verwendet wurden. Die zum Umbau vorgesehene ölgefeuerte Lokomotive der Klasse H.G. mit dreiachsigem Tender war 1905 von Stephenson in England gebaut worden, sie war also sehr alt. Man hatte nachträglich einen Überhitzer eingebaut, dabei jedoch Flachschieber beibehalten. Die außerordentlich schwierigen Wasserverhältnisse auf dieser Strecke von 560 km Länge erforderte den Einsatz von Wassertankwagen, denn im Sommer kommen hier Lufttemperaturen bis zu 54° C im Schatten vor.

Den Umbau der Lokomotive nahm die Bahn in ihrer eigenen Werkstatt vor, während Henschel die Ausrüstungsteile für die Lokomotive und einen neuen Kondenstender lieferte. Die Kondensanlage entsprach funktionell derjenigen der Henschellieferung 1938 für Argentinien, nur waren die Abmessungen und Leistungsdaten der wesentlich kleineren Heizfläche anzupassen. Dieser Anwendungsfall brachte insofern ein neues Problem, als die Lokomotive eine mit Dampf betriebene Luftsaugebremse besaß, die etwa 250 kg Dampf in der Stunde verbrauchte. Im Interesse der Wasserersparnis konnte auf die Rückgewinnung dieser Dampfmenge nicht verzichtet werden. Da es uns nicht zweckmäßig erschien, die stark luftbeladenen Dampfschwaden direkt in den Kondensator zu führen, wurde eine besondere Leitung nach dem Tender gelegt und ein Element des Kondensators von den übrigen abgetrennt, in dem dieses Dampf-Luftgemisch für sich kondensierte. Das Kondensat floß dann dem Sammelbehälter zu. In diesen war ein Filter eingebaut, um restliche Ölmengen zurückzuhalten.

Um die Kondensatorabmessungen für 4,2 t Dampf pro Stunde bei 52° Lufttemperatur klein zu halten, bestanden Rohre und Rippen des Kondensators wie bei den anderen Vorkriegslieferungen aus Kupfer mit metallischer Verbindung der Rippen durch Verzinnung.

Die Lokomotive war im Sommer 1939 betriebsbereit. Die Saugzuganlage machte anfangs einige Lagerschwierigkeiten, weil die Flachschieber undicht wurden, wodurch der Dampfverbrauch und damit die Kesselbelastung sehr hoch anstiegen. Wie unser dorthin entsandter Montage-Ingenieur erzählte, wurde die Rauchkammertür so heiß, daß man an ihr eine Zigarre anzünden konnte. Der Kriegsbeginn verhinderte einen weiteren Kontakt mit dieser Lokomotive.

Über die gesammelten Erfahrungen konnten wir später einige Angaben aus der „Railway Gazette" von 1942 entnehmen. Danach hatten sich einige Schwierigkeiten auch durch das Fehlen von Ersatzteilen ergeben. Die Lokomotive sei aber im dauernden Dienst, den sie zur Zufriedenheit erfülle. Sie laufe zwischen Bagdad — Samawa — Bagdad über eine Entfernung von 557 km, die abgesehen von der heißesten Jahreszeit, ohne Wassernehmen durchfahren würde. Sie vermeide dadurch, das sehr ungeeignete Kesselspeisewasser in Samawa aufnehmen zu müssen. Der Brennstoffverbrauch liege um 2 Prozent niedriger als bei einer Normallokomotive ähnlicher Konstruktion. Es lasse sich aber noch nicht übersehen, ob sich der weitere Umbau von Lokomotiven rechtfertige.

Letztere Einschränkung war ganz natürlich, da unter Kriegsumständen und ohne Mitwirkung der Lieferfirma nichts unternommen werden konnte. Daß sich die Irakischen Staatsbahnen aber sehr ernsthaft mit dem Kondensgedanken beschäftigt hatten, ließ ein Projekt erkennen, das der Chefingenieur der Bahn, W. Ikeson, gelegentlich meines 1960 in London vor der Institution of Locomotive Engineers gehaltenen Vortrages über die Südafrikanischen Kondenslokomotiven in der Diskussion als Diapositiv zeigte. Dieses sah eine 2'D2'-Lokomotive mit vierachsigem Kondenstender vor, bei der die Rauchkammer des ölgefeuerten Kessels und die Zylinder dem Tender zugekehrt war, wodurch sich die Abdampfleitung verkürzen ließ. Auffällig war bei diesem Projekt auch die Wellrohrfeuerbüchse, von der, da sie bei Ölfeuerung keine Durchbrechung für die Schlackenentfernung benötigt, eine gute Bewährung erwartet wurde.

Von einer solchen Kondenslokomotive versprach man sich eine bessere Wirtschaftlichkeit als von den komplizierteren Diesellokomotiven. Zu einer Weiterverfolgung oder gar einem Auftrag auf diese Version ist es durch die Nachkriegsverhältnisse und das in diesen Jahren schnelle Vorrücken der Dieseltraktion jedoch nicht mehr gekommen — leider, wie Mister Ikeson im Interesse der Dampflok betonte.

Die Kondenslokomotive für die Sowjetunion. Weitere Ausbreitung in der UdSSR

Durch die Veröffentlichungen in der Fachpresse über die mit der Lok 7034 in Argentinien erzielten Ergebnisse waren auch die Staatsbahnen der UdSSR auf diese neue Lösung für Strecken mit schwieriger Wasserversorgung aufmerksam geworden. Solche Bereiche gibt es dort ja besonders im asiatischen, aber auch im europäischen Teil der UdSSR. Versuche mit Diesellokomotiven, die an sich für diese Einsatzbedingungen sehr geeignet sind und schon seit den zwanziger Jahren in Rußland erprobt wurden, hatten nicht befriedigt.

Die Sowjetbahnen entschlossen sich daher schon 1933, eine der in großer Anzahl vorhandenen Fünfkuppler-Dampflokomotiven bei Henschel in eine Kondenslokomotive umbauen zu lassen. Dazu wurde die Lokomotive 5224 der Baureihe E nach Kassel gesandt. Es war dies eine von den tausend Lokomotiven, die Anfang der zwanziger Jahre von den Sowjets in Schweden und in Deutschland bestellt worden waren, um den unter den Nachkriegsfolgen in Rußland darniederliegenden Verkehr wieder aufzubauen. Die Umbaulokomotive gehörte zu den damals von Henschel gelieferten 115 Maschinen. Wie bei der 7034, wurde die Kondensausrüstung wieder von meinem Büro durchkonstruiert. Die Lokomotive selbst wurde gleichzeitig in einigen Details überholt.

Die Konstruktion folgte in ihren Grundzügen der 7034 für Argentinien. Die Saugzuganlage wurde aber bereits mit Abdampfturbinenantrieb versehen. Die Lokomotive besaß Kohlefeuerung. Als Kondensausführung erhielt sie die Bezeichnung Eg 5224-K. Sie wurde 1934 nach Rußland überführt und zunächst auf dem Moskauer Versuchsring erprobt. Hierbei wurde ein Wasserverbrauch von 8 Liter/km festgestellt, was etwa der Ersparnis der 7034 entsprach. Die Lokomotive wurde später auf Ölfeuerung umgebaut und zwischen Akhasabad und Kraasnavodks am Kaspischen Meer in Betrieb genommen. Hier betrug die Außenlufttemperatur zeitweilig 50° C.

Über den weiteren Gang der Dinge erfuhren wir sehr wenig. Zunächst fanden einige Verhandlungen über die Zulieferungen von Ausrüstungsteilen für weitere Kondenslokomotiven statt, die aber zu keinen Aufträgen führten. Die sowjetischen Bahnen begannen vielmehr mit dem Bau von Kondenslokomotiven auf heimischer Basis. Diese Tatsache wurde uns zum erstenmal durch ein Modell einer SO-Kondenslokomotive bekannt, das auf der Pariser Weltausstellung 1937 im Sowjet-Pavillon zu sehen war.

Bei den folgenden Angaben stütze ich mich auf Ausführungen von Dr. G. V. Lomonossoff, dem über Jahrzehnte berühmten Chefingenieur der Russischen Bahnen, und seines Sohnes Captain G. Lomonossoff bei einem Vortrage, den sie 1945 vor der Institution of Mechanical Engineers in London gehalten haben. Danach wurde für die weiteren Kondenslokomotiven die 1'E-Bauart der Klasse SO (SO = Serge Ordjanikidze) gewählt, die seit 1934 in Rußland in großem Umfange eingesetzt war. Die erste, mit SOk bezeichnete Kondensausführung dieser Baureihe wurde im Herbst 1936 von der Lokomotivfabrik Kolomna fertiggestellt. Eine dieser Lokomotiven, Betriebsnummer 17 653, beförderte im Dezember 1936 einen durchgehenden Güterzug nach Wladiwostok und kehrte nach dieser Fahrt von 20 000 km am 13. Februar 1937 zurück. Hierbei lag die Lufttemperatur zwischen —15° C und — 50° C, so daß das Wasser in einigen Partien der Anlage mehrmals einfror. Die SOk-Lokomotiven wurden daraufhin in die wasserlosen Gebiete von Russisch-Turkistan überführt, wo sie mit Ölfeuerung, parallel zu Diesellokomotiven, eingesetzt wurden.

Da der Vergleich zugunsten der Kondenslokomotive ausfiel, entschied sich die Sowjetregierung, während des dritten Fünfjahresplanes 4200 Lokomotiven der Klasse SO^k zu beschaffen. Schon an dieser Zahl kann man erkennen, welche Bedeutung der Bauart beigemessen wurde. In dem Vortrag von Lomonossoff wird noch erwähnt, daß die SO^k-Lokomotiven eine Brennstoffersparnis von ungefähr 20 Prozent gegenüber der normalen Klasse SO ergeben haben sollen. Sie hätten sich auch unter Kriegsbedingungen als äußerst nützlich erwiesen.

Die Kriegs-Kondenslokomotive, Baureihe 52 der Deutschen Reichsbahn

Als die deutschen Truppen im Jahre 1941 im südlichen Rußland vorrückten, fanden sie dort zahlreiche Kondenslokomotiven der Klasse SO^k vor, deren Bedeutung für Strecken mit schlechter und knapper Wasserversorgung von der Heeresleitung bald erkannt wurde. Sie verlangte daraufhin, daß 240 Maschinen von den 1942 in sehr großer Anzahl bestellten Kriegslokomotiven der Baureihe 52 in Kondensausführung beschafft werden sollten. Die Durchführung fiel naturgemäß Henschel als Urheberfirma dieser Sonderbauart zu. Der Auftrag wurde im Mai 1942 erteilt.

Für diesen Auftrag erschien es natürlich von Interesse, an Ort und Stelle zu prüfen, ob die sowjetischen Kondenslokomotiven gegenüber der von uns 1933 nach Rußland gelieferten Ausführung irgendwelche Abweichungen aufgrund der örtlichen Einsatzbedingungen aufwiesen, die bei der Kondenslokomotive Baureihe 52 berücksichtigt werden könnten. Das Reichsverkehrsministerium erwirkte deshalb über die Transportabteilung des Heeres für mich die Erlaubnis, solche Beutelokomotiven zu besichtigen und mit ihnen zu fahren. Diese Unternehmung führte mich Anfang Juni 1942 mit einem in Warschau zur Verfügung gestellten Flugzeug mit einer Zwischenlandung in Kiew nach Charkow und darüberhinaus bis nach Osnowa, wo ich eine SO^k-Kondenslok unter Dampf inspizieren konnte. Ich fand, daß die Ausrüstung mit unserer Lieferung von 1934 praktisch identisch war. Lediglich die verstellbaren Klappen zur Abdeckung der Kondensatoren, die man schon auf den Wochenschauaufnahmen hatte erkennen können, waren neu. Ich hörte noch, daß man mit der Ölabscheidung experimentiert hatte; dem Vernehmen nach mit einem zusätzlichen Kohlefilter. In Nikolajew am Bug konnte ich weitere Lokomotiven, auch solche amerikanischer Herkunft, die dort abgestellt waren, besichtigen.

Es war damals ungewöhnlich heißes Wetter, und die nächtliche Not mit Wanzen ließ mich sehr an unsere Soldaten denken. Eindringlich empfand ich, wenn auch meist nur aus der Sicht meines Flugzeuges, die ungeheuren Entfernungen des russischen Raumes, die zunächst kämpfend, dann auch von den Eisenbahner-Abteilungen zurückgelegt worden waren, die — wie ich bei einer Bahndienststelle auf einer Wandkarte sah — schon 2400 km von ihrem Ausgangsort dem

Heer gefolgt waren. Dank des Flugzeuges habe ich meine Mission von Berlin bis Berlin in einer Woche durchführen können. Von Kampfhandlungen habe ich nichts gesehen; die russische Gegenoffensive im Raum Charkow lag schon einige Wochen zurück. Nur bei einer Übernachtung in Poltawa erlebte ich einige Bombenabwürfe. Ein Lehrbuch über die russischen Kondenslokomotiven, das mir übergeben wurde, führte bei der Durchsicht nach meiner Rückkehr zu keinen verwertbaren neuen Erkenntnissen, so daß die schon begonnene Konstruktionsarbeit an der Baureihe 52 Kondens weiter unseren schon vorhandenen Erfahrungen folgen konnte.

1942 war die Kapazität der deutschen Lokomotivindustrie bereits durch die in großen Serien im Bau befindlichen Kriegslokomotiven BR 52 voll ausgelastet. Das galt aber auch für die übrige Industrie, deren Mitwirkung zum Bau des Zubehörs der Kondensausrüstung, wie Kondensatoren, Abdampfturbinen und dergleichen, erforderlich wurde. Wie angespannt die Lage war, ergibt sich schon aus der Tatsache, daß die Firma Henschel sich außerstande sah, ihr eigenes geistiges Kind in den Kasseler Werkstätten herzustellen. Wir übernahmen selbstverständlich die konstruktive Durchbildung der Kondensausrüstung und des Tenders. Die Fertigung des Zubehörs und der Kondenstender mußte jedoch unter den gegebenen Umständen irgendwie verlagert werden. Bei der Bedeutung und der Dringlichkeit, die diesem Vorhaben zuzumessen war, wurde im Sonderausschuß Lokomotiven des Hauptausschusses Schienenfahrzeuge ein besonderer Arbeitsausschuß Kondenslokomotiven gebildet, dessen Leitung mir zufiel. Nach intensiven Bemühungen gelang es, die Waggonfabrik Uerdingen für die Herstellung der Tenderkörper zu gewinnen. Dort lernte ich auch Dr.-Ing. E. h. Ernst Kreissig näher kennen, den hochangesehenen Altmeister des Leichtbaugedankens („Mehr Geist — weniger Materie") und Erfinder der Uerdinger Ringfeder. 1944 wurde noch als zweites Lieferwerk die Waggonfabrik Fuchs in Heidelberg hinzugezogen. Das Tenderzubehör wurde den Waggonfabriken von Henschel angeliefert und dort eingebaut, so daß die Tender diese Werke betriebsfertig nach Kassel verließen. Gleichzeitig mußten aber auch Firmen gefunden werden, welche die Komponenten der Ausrüstung in kürzester Zeit liefern konnten, wobei Henschel sich in die gesamte Materialbeschaffung einschalten mußte. Auch hier stießen wir auf Lieferschwierigkeiten.

Für die Kondensatorfertigung kam allein die GEA-Luftkühlergesellschaft in Bochum in Betracht, die auch alle früheren Kondensatorlieferungen ausgeführt hatte. Das jetzt anstehende Bauvolumen stellte die Firma jedoch vor eine kaum zu bewältigende Aufgabe, da sie bereits mit Aufträgen ausgelastet war. Später wurde deshalb noch ein zweites Unternehmen für die Fertigung der Kondensatorelemente nach GEA-Zeichnungen herangezogen.

Eine wichtige Entscheidung mußte gleich anfangs hinsichtlich des Werkstoffes für die berippten Rohre getroffen werden: Kupfer wie bei den früheren Lieferungen stand unter den Kriegsverhältnissen nicht zur Verfügung. Glücklicherweise hatte die GEA von anderen Anwendungsbereichen ihres Fabrikates genügend Versuchs- und Bemessungsunterlagen für eine Ausführung in Stahl. Die metallische Verbindung der Rippen mit den Rohren erfolgte hierbei in Zinkbad. Es stellte sich aber weiter heraus, daß nahtlose Stahlrohre, auf deren Verwendung die GEA zunächst bestand, durch den Industrie- und Wehrmachtsbedarf nicht mehr verfügbar waren. Die GEA lehnte, um den Ruf ihres Fabrikats nicht aufs Spiel zu setzen, geschweißte Rohre ab. Es kostete einige Mühe, sie zu bewegen, längsgeschweißte Rohre zu verwenden. Es war dies die einzig mögliche Lösung, zu der wir, da der GEA noch keine Erfahrungen mit geschweißten Rohren vorlagen, mit dem geläufigen Hinweis durchdrangen, daß die Lokomotiven zunächst nur für die Dauer des Krieges durchzuhalten brauchten. Es sind, wie hier gleich erwähnt sei, während des Einsatzes dieser Maschinen, die bis Anfang der fünfziger Jahre bei der DR und DB in Betrieb waren, keine Schäden durch Rohrrisse oder Korrosion eingetreten.

Die Konstruktion und Fertigung der Abdampfturbinen für Saugzug- und Lüfterantrieb konnte bei der Firma Escher Wyss in Zürich untergebracht werden, wobei gegenüber früheren Lieferungen nur einige Werkstoffe den kriegswirtschaftlichen Vorschriften angepaßt zu werden brauchten. Die Fertigung der Gebläseräder mußte aber auch Escher Wyss innerhalb der Schweiz verlagern. Auf Verlangen des Reichsministeriums für Bewaffnung und Munition, das bei wichtigen Zulieferungen stets mehr als nur ein einzelnes Lieferwerk wünschte, wurde die Hälfte des Turbinenauftrages zu der Turbinenfirma Rateau in La Courneuve bei Paris verlegt, die mit Zustimmung von Escher Wyss nach den Schweizer Zeichnungen baute. Rateau übernahm auch die Herstellung der Lüfterräder — immerhin wurden 750 Stück benötigt — und errichtete für diese einen Prüf- und Schleuderstand. Die Betreuung dieser Aufgaben in Frankreich wurde von dem damaligen Leiter unseres Kasseler Prüffeldes, Oberingenieur Fritz Mischke, der 1939 von Junkers zu Henschel gekommen war, wahrgenommen. 1945 zum Volkssturm eingezogen, geriet er an der Ostfront in Gefangenschaft, aus der er nicht mehr zurückgekehrt ist.

Wegen technischer Fragen und Materialangelegenheiten hatte ich wiederholt in Zürich und Paris zu tun. Mir fiel so auch die Aufgabe zu, außer der Konstruktion, die ich in Kassel mit einer nicht großen aber erfahrenen Gruppe langjährig bewährter Mitarbeiter durchführte, all diese Verlagerungen und die zeitbedingten Schwierigkeiten der Materialversorgung für den Auftrag in Zürich und Paris zu meistern und zu synchronisieren. Dabei stellte die Kondenslokomotive ja nur eine von mehreren Entwicklungsaufgaben dar, die meine Abteilung in diesen Jahren gleichzeitig zu bewältigen hatte. Trotzdem stand die erste Kondenslokomotive, Betriebsnummer 52 1850, Fabriknummer 27 178, siebeneinhalb Monate nach Arbeitsbeginn auf dem Henschel-Fabrikhof.

Bei der Durchführung dieser Aufgabe hat mich besonders mein langjähriger Mitarbeiter Oberingenieur Karl Thommen unterstützt. Ich möchte hier betonen, daß nie ein Einzelner, soviel er auch an der Gesamtverantwortung trägt, den Erfolg einer so vielschichtigen und an Entscheidungen reichen Arbeit allein in Anspruch nehmen kann. Unentbehrlich sind das kritische Mitdenken bei Konstruktion und Beschaffung, die Treue im Detail und in den Terminen, ein

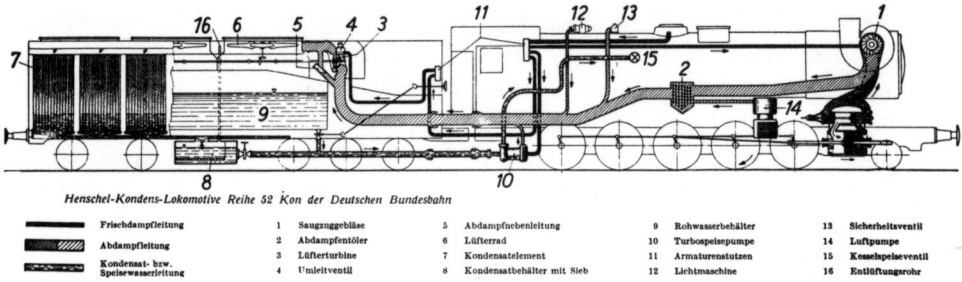

Henschel-Kondens-Lokomotive Reihe 52 Kon der Deutschen Bundesbahn

▬▬▬	Frischdampfleitung	1	Saugzuggebläse	5	Abdampfnebenleitung	9	Rohwasserbehälter	13	Sicherheitsventil
▨▨▨	Abdampfleitung	2	Abdampfentöler	6	Lüfterrad	10	Turbospeisepumpe	14	Luftpumpe
▬▬▬	Kondensat- bzw. Speisewasserleitung	3	Lüfterturbine	7	Kondensatelement	11	Armaturenstutzen	15	Kesselspeiseventil
		4	Umleitventil	8	Kondensatbehälter mit Sieb	12	Lichtmaschine	16	Entlüftungsrohr

Wirkungsschema der Kondensationsanlage an der Baureihe 52

kameradschaftlicher Geist in der Zusammenarbeit sowie das Gefühl, daß man sich auf seine Mitarbeiter voll verlassen kann.

Die Konstruktion der Kondensanlage der Baureihe 52 sei hier nur insoweit besprochen, als sie von der bisherigen Ausführung abweicht. Erstmals führten wir den Tender, auch wegen der so nötigen Stahleinsparung, in selbsttragender Bauweise aus. Hierbei bildeten Rahmen und Wasserkasten eine Einheit. Überhaupt wurde im Sinne der Kriegswirtschaft alles irgendwie entbehrlich erscheinende weggelassen, so auch der kleine Frischwasserverdampfer. Die einzige neue Zutat war, daß vor den Kondensatorelementen eine Jalousie aus schmalen verstellbaren Blechklappen angebracht wurde, die dem Abkühlungsprozeß bei sehr hartem Winterwetter und einer Verstopfung durch Eis und Schneestürme widerstehen sollte. Diese Einrichtung war an allen in Rußland vorgefundenen Kondenslok vorhanden, und wir hatten daraus auf ihre klimabedingte Notwendigkeit geschlossen. Als einen gewissen Frostschutz erhielten die Speisepumpen eine Blechverkleidung, die natürlich nur gegen die Wirkung des Fahrwindes, nicht aber bei längeren Stillstandzeiten wirksam sein konnte. Schwierigkeiten durch Frostschäden an der Kondensanlage der Baureihe 52 sind aber nicht bekannt geworden.

Der Kondenstender der Baureihe 52 kommt in fünf- und vierachsiger Ausführung vor. Die fünfachsige Bauart entstand dadurch, daß für die zugrundezulegende Höchsttemperatur der Umgebungsluft von 50° C der Kondensator in Stahlausführung aus Gewichts- und Platzgründen nicht mehr auf einem vierachsigen Laufwerk untergebracht werden konnte. Daß die Lokomotive sich dadurch nicht auf den üblichen Drehscheiben wenden ließ, wurde für das Einsatzgebiet nicht als gewichtiger Mangel gewertet, da mit einem Wenden in Gleisdreiecken gerechnet wurde.

Im späteren Schrifttum wird meist angenommen, daß die vierachsige Ausführung nachträglich mit Rücksicht auf die vorhandenen Drehscheibendurchmesser beschlossen wurde. Die eigentliche Ursache war aber der Umstand, daß die Anlieferung der Kondensatorelemente bald zum Engpaß wurde. Da sich im weiteren Verlauf des Krieges mit der Rückverlegung der Ostfront das Einsatzgebiet der Loks und damit die klimatischen Verhältnisse änderten, konnte man mit einem kleineren Kondensator auskommen. Ich hatte deshalb Reichsbahndirektor Friedrich Witte, dem Bauartdezernenten des Zentralamtes Berlin, den Vorschlag gemacht, das hintere Feld der beiderseits mit sechs Elementen ausgestatteten Kondenstender durch Blechtafeln blind zu verschließen, um mit dem knapper werdenden Vorrat mehr Lokomotiven fertigstellen zu können. Es wurden dadurch statt zwölf nur noch zehn Elemente benötigt. Herr Witte war hiermit sofort einverstanden, ebenso auch mit dem weiteren Vorschlag, den Tender als Ganzes auf zwei zweiachsige Drehgestelle umzukonstruieren. So ist dann der Übergang zur vierachsigen Ausführung entstanden.

Für die Betreuung der Kondenslokomotiven im Osteinsatz schlug ich Herrn Witte vor, meinen Mitarbeiter Gerd Rüggeberg zu übernehmen, der ein ausgesprochener Lokkenner und ein dampftechnisch erfahrener Ingenieur war. Hierbei spielte auch meine Überlegung mit, daß Rüggeberg wahrscheinlich in Kürze zum Heeresdienst einberufen würde, und wir für die Bewältigung dieser betriebstechnisch sehr wichtigen Aufgabe einen so tüchtigen Fachmann nicht verlieren dürften.

Herr Witte ging hierauf gern ein und setzte ihn in Reichsbahneruniform für diesen Dienstbereich ein. Nach Erprobungsfahrten und Übernahmearbeiten ging er mit einem der ersten Lokzüge nach dem Osten. In der Ukraine und auf der Krim hat Rüggeberg sich bei der Organisation des Betriebseinsatzes und der Überwachung der Lokomotiven sehr bewährt. Er fand trotz der räumlichen Schwierigkeiten noch Zeit, sich um den Ersatzteildienst zu kümmern und machte sogar eingehende Aufschreibungen über kilometrische Leistungen und den Wasserverbrauch. Sehr wichtig war die schnelle Übermittlung aller Beobachtungen. Dank seiner direkten Unterstellung unter das Reichsbahn-Zentralamt ließ er diese nicht allein an die dortigen Dienststellen, sondern unmittelbar auch nach Berlin und Kassel gehen, so daß die Erfahrungen sogleich für die weiteren Serienlokomotiven verwertet werden konnten. Nach Kriegsende blieb Rüggeberg beim Dezernat 23 des Reichsbahnzentralamtes Göttingen und anschließend beim Bundesbahn-Zentralamt Minden. Zu meinem großen Bedauern ist er schon 1968 gestorben; so konnte ich ihn bei der Abfassung dieser Erinnerungen nicht mehr nach besonderen Erlebnissen fragen.

In Papieren von Karl Julius Harder, der als Dienststellenleiter den späteren Einsatz von Kondenslokomotiven in Belgien betreute, befindet sich ein Bericht der GVD Osten vom 18. Juli 1944 über den Verbleib von 100 im Osten eingesetzten Kondensloks. Danach waren zu diesem Zeitpunkt:

38 Loks bei der RVD Riga eingesetzt.
44 Loks mit Kriegs- und sonstigen Schäden im Bezirk der GDW Wien abgestellt.
6 Loks durch Feindeinwirkung verloren.
8 Loks Verbleib unbekannt; sollen nach Rumänien abgerollt, ihr Eingang dort aber nicht gemeldet sein.
3 Loks zur Zurückführung auf der Krim zerlegt. Ob auf dem Schiffswege in Constanza eingetroffen, ist nicht feststellbar.
1 Lok an die HVD Brüssel abgegeben.

Aus dieser Liste über den Verbleib der im Südabschnitt eingesetzten Loks seien noch einige Lok-Schicksale angeführt:

Dahankoj (am 20. April 44 geräumt): Bestand 5 Loks, 1 zerlegt per Schiff nach Constanza, 4 verloren.

Nikolajew (am 20. März 44 geräumt): Bestand 18 Loks, 1 zwischen Odessa und Cololosowska durch Flieger beschossen, wahrscheinlich stehengeblieben.

Wossnessensk (am 27. Mai 44 geräumt): Bestand 14 Loks, 1 Lok, nachdem Rasdelnaja abgeschnitten, mittels Fähre bei Karolina übergesetzt.

Sherinka-Nord (am 16. März 44 geräumt): Bestand 34 Loks, 1 Lok nach Odessa ausgewichen, bekam dann Treffer in einen Dampfzylinder. Wahrscheinlich bei Rasdelnaja am 4. April stehengeblieben. 1 Lok nach Odessa entwichen und über Fähre bei Karolina entkommen und von Lokführer Wittke von Odessa nach Wien überführt. 1 Lok bei Räumung Odessa auf Fähre nach Karolina gesprengt.

Diese Angaben sind hier eingefügt, da sie die ungeheuere Leistung, die Nöte und Schicksale auch der Lokpersonale erahnen läßt; ihren gefahrvollen Einsatz und ihre aufopfernde Pflichterfüllung unter Beschuß, durch Minen und bei nächtlichen Partisanenüberfällen mit all ihrem Grauen, oder wenn bei Tieffliegerbeschuß die Stehkesselrückwand getroffen wurde und Verbrühungen die Folge waren.

Die Maschinen waren beliebt, da sie mit Kondensat fuhren und sich kaum Kesselstein bilden konnte. Es traten dadurch keine Schwierigkeiten an Stehbolzen und Kesselrohren auf, auch waren sie in der Wasserversorgung anspruchslos. Das war für die Normalloks tatsächlich ein Problem: Viele Wasserstellen waren zerstört — zuweilen wurde aus Hilfsbohrungen nur eine milchige Soße gefördert, und bald trat Rohrrinnen im Kessel auf. Eine besondere Rolle haben diese Kondensloks 1944 im Südraum gespielt, wo von der zurückweichenden Front zahlreiche Lazarettzüge mit Verwundeten und Kranken dank ihrer Unabhängigkeit von der Wasserversorgung zurückgeführt werden konnten. So hat die 52 Kondens noch viele Soldaten vor der Gefangenschaft bewahrt oder ihnen das Leben retten können.

Bald nach der Invasion in Frankreich im Juni 1944 wurden 37 fabrikneue, aber auch die erste Kondenslok 52 1850 aus dem Osten, der Wehrmachtverkehrsdirektion Brüssel zugeteilt, wo sie außerordentlich gute Dienste taten. Dies galt nicht nur für ihre als hervorragend bezeichneten Schleppleistungen: Die Tieffliegerangriffe der Alliierten drohten hier den Bahnbetrieb völlig zum Erliegen zu bringen. Zuletzt konnten überhaupt keine normalen Dampflokomotiven mehr eingesetzt werden, da sie durch ihre Abdampffahne weithin sichtbar waren. Die Kondenslokomotiven hatten den sehr ins Gewicht fallenden Vorteil, daß sie sich nicht durch eine Abdampfwolke verrieten. Wie die Leiter des Lokomotiveinsatzes in dieser Region, der damalige Reichsbahnoberrat Adolf Dormann, und Karl Julius Harder hervorhoben, war es zuletzt nur noch mit diesen Lokomotiven möglich, das aus Nordfrankreich und Belgien zurückgehende Heer einigermaßen zu versorgen. Die letzte Kondenslokomotive verließ Belgien am 2. 9. 1944, drei blieben dort zurück.

Die Baureihe 52 Kondens war die erste normalspurige Kondenslokomotive, so daß es zum erstenmal möglich wurde, sie im eigenen Lande zu erproben. Die Lok 52 1850 wurde vom Versuchsamt Berlin-Grunewald eingehend durchgemessen. Diese Versuchsarbeiten begannen an der im März 1943 überführten Lok im April und wurden bis Dezember abgeschlossen. Sie konnten noch, wie üblich, bei den Geschwindigkeiten von 25, 40, 60 und 80 km/h durchgeführt werden, und somit war auch ein guter Vergleich zu der Normalausführung der Kriegslokomotive möglich. Von Ende Juli bis Ende August 1943 wurden die Versuche durch Fahrten mit dieser Lok im Ostraum unterbrochen. Es würde zu weit gehen, die Meßergebnisse hier im Einzelnen anzuführen. Eine gute Übersicht über die Leistungsdaten gibt die Zusammenfassung eines Berichtes des Versuchsamtes vom 3. Februar 1944. Danach war die Leistung unter normalen Verhältnissen (Außentemperatur = 10° C, V = 50 km/h, Heizflächenbelastung = 57 kg/m²h) durch den Antrieb der Hilfsturbinen um etwa 3,4 Prozent geringer als bei der Normallok 52 180, der Kohlenverbrauch bezogen auf die Leistungseinheit (kg/PSeh) unter gleichen Verhältnissen infolge des vorgewärmten Speisewassers um 10 Prozent günstiger.

Die Entfernung, welche die Kondenslok mit Sicherheit ohne Wassernehmen durchfahren konnte, betrug nach diesem Bericht etwa 1000 km. Man betonte, daß mit der Kondenslok das Durchfahren sehr langer Strecken ohne Wassernehmen möglich war und sie noch in Fällen eingesetzt werden konnte, wo normale Loks überhaupt versagten, wie zum Beispiel beim Ausfall von Wasserstationen in Katastrophenfällen oder unter besonders schlechten Wasserverhältnissen. Die Kondenslok stelle somit eine wertvolle Bereicherung des Lokomotivparks der Deutschen Reichsbahn dar.

1944 wurde auch mit der Durcharbeitung einer Kondensausrüstung für die gegenüber der BR 52 verstärkte Kriegslokomotive der Baureihe 42 begonnen, jedoch durch den weiteren Verlauf der Ereignisse nicht mehr zuendegeführt.

Die zunehmende Härte des Kriegsverlaufes in der Heimat, die dadurch rasch anwachsenden Liefer- und Versorgungsschwierigkeiten sowie die immer schwereren Lebens- und Arbeitsbedingungen der in den Großstädten ausgebombten Bevölkerung verlangsamte auch die Auslieferung der Kondenslokomotiven, so daß bis Kriegsende nur etwa 170 Stück fertiggestellt worden sind.

In Kassel befanden sich beim Einrücken der Amerikaner noch einige Loks der Reihe 52 Kondens in den beschädigten Hallen der Henschel-Lokomotivmontage im Fertigbau. Das 757. Railway Shop Battalion, das Anfang April 1945 die Werke besetzte, ordnete den Weiterbau dieser Lokomotiven mit den noch verfügbaren Teilen an. Die Einheit hatte die Aufgabe, in den Henschel-Werkstätten Reparaturen und den Fertigbau angearbeiteter Lokomotiven durchzuführen, die zur Sicherung der Armeetransporte erforderlich waren. Dazu gehörte natürlich, daß die Anlagen überhaupt erst wieder arbeitsfähig gemacht wurden. In dieser Stunde Null des allgemeinen Zusammenbruchs war es für die Firma eine günstige Fügung, daß die Arbeit auf diese Weise, wenn auch unter den schwierigsten Verhältnissen, wieder aufgenommen werden konnte.

Von dem Zustand der Werksanlagen, die seit dem 22. September 1944 durch Tagesangriffe der amerikanischen Luftwaffe weitgehend zerstört worden waren, kann man sich heute nur noch schwer ein Bild machen. Die Truppe baute zunächst eine tausend Meter lange Leitung für die Wasserversorgung, räumte zusammen mit den Werksangehörigen auf und schaffte zahlreiche Wagen- und Waggonladungen von Schutt und Schrott fort, holte Maschinen aus dem Werk Mittelfeld, dichtete Dächer ab und setzte sanitäre Anlagen wieder instand. Auch wurden zahlreiche, bis nach Thüringen ausgelagerte Einzelteile wieder herangeschafft.

Kommandeur des Shop Battalions war Colonel John W. Moe, ein früherer Dienstleiter des Lokdepots der Milwaukee Railroad; sein Vertreter, Captain Charles E. Smith, war im Zivilleben bei der Pennsylvania Railroad tätig. Dadurch, daß diese Offiziere von Beruf Eisenbahner waren, wurde für uns der Arbeitsanfang erleichtert. Sie veranlaßten auch, daß in das großenteils zerstörte Henschel-Verwaltungsgebäude am Holländischen Platz, in dem vorher unsere Lokomotiv-Konstruktionsbüros lagen, durch die Truppe vor dem Winter ein Heizungssystem eingebaut wurde, so daß behelfsmäßig dort gearbeitet werden konnte.

In diesen ersten Wochen und Monaten wirkte Dr.-Ing. Hinz bei der Aufnahme des Kontaktes mit den Besatzungsstellen und den ersten Schritten zu neuen Lebensregungen der Firma wie ein Fels in der Flut der Probleme, Entscheidungen und Aushilfen. Er hat dadurch Entscheidendes zum Wiederaufbau des Unternehmens beigetragen. Oscar R. Henschel war ab Juni 1945 einige Monate im Werk, unterlag dann aber wie viele Wirtschaftsführer der Verhaftung durch die Besatzungsmacht und konnte erst Ende 1948 nach Kassel zurückkehren. Dr. Hinz blieb mein unmittelbarer Vorgesetzter, bis er 1951 aus der Firma ausschied und Präsident der Vereinigung Deutscher Lokomotivfabriken und des Waggonverbandes wurde.

Ich selbst übernahm im Mai und Juni 1945 einige Schulungsvorträge, um die GI's mit der Bedienung dieser „Camel Locomotives" bekannt zu machen. Mit Erstaunen stellten die Eisenbahner dabei fest, daß bei der Kriegslok die Treib- und Kuppelstangen aus geschmiedeten Köpfen mit den Stangen stumpf zusammengeschweißt waren; in ihrem Lande dürfte man diesen Teilen nicht einmal mit einer offenen Flamme nahekommen.

Ende Mai 1945 fand eine festliche Zeremonie statt, bei der die Lokomotive 52 1960 in Anwesenheit des Generaldirektors des Military Railroad Services, Carl R. Gray, als „General Gray's Gull" getauft wurde. Eine der im Henschelwerk im Sommer 1945 fertiggestellten Kondenslokomotiven, die 52 2006, wurde Ende Oktober 1945 nach USA verschifft und dort auf Ausstellungen gezeigt.

Die nach dem Waffenstillstand noch im Reichsgebiet vorhandenen Kondensloks befanden sich jeweils etwa zur Hälfte in den von den Westmächten und von der Roten Armee besetzten Zonen. Sie wurden, obwohl nun ihre wassersparende Bauart keine Rolle mehr spielte, weiter verwendet, da es auf jede fahrfähige Maschine ankam.

Die im Reichsbahndienst, ab 1949 im Bundesbahnbetrieb eingesetzten Kondensloks fuhren auf den Strecken Minden — Hamm, von Duisburg-Wedau nach Mainz-Bischofsheim und beim Maschinenamt Würzburg. Die einsatzfähige Zahl wurde dadurch vergrößert, daß 20 der Lokomotiven, die einen fünfachsigen Tender hatten, mit vierachsigen Tendern ausgerüstet werden konnten, die, in der Nähe von Uerdingen als Tenderkörper auf Drehgestellen abgestellt, vom Kriegsgeschehen überrollt worden waren. Um die Umrüstung wirtschaftlich zu machen, wurden auf unseren Vorschlag fünfzig der noch recht neuen Fünfachser zu Trichterwagen für witterungsempfindliche Schüttgüter bei Orenstein & Koppel umgearbeitet.

Im Zuge der Typenbeschränkung wurde die Baureihe 52 Kondens ab 1953 aus dem Dienst gezogen, und nur noch einige Exemplare hat man als Heizlokomotiven weiterverwendet.

IV. Ein neues Feld: Henschel-Kondenslokomotiven für Südafrika
Start mit dem Umbau der Klasse 20

Inzwischen erschloß sich der Kondenslokomotive ein neues, großes Anwendungsfeld. Schon vor dem Kriege hatten die Südafrikanischen Bahnen (SAR) Interesse an einem Versuch mit einer ihrer 2'D1'-Lokomotiven der Klasse 12 A bekundet. Dieser Plan wurde nach Kriegsende wieder aufgegriffen, und zum Umbau die in einem Exemplar vorhandene 1'E1'-Lokomotive der Klasse 20, Betriebsnummer 2485, vorgesehen. Um diesen Versuchsauftrag zu besprechen und den Einsatzbereich kennenzulernen, flog ich im Frühjahr 1949 nach Südafrika; ein für mich nicht nur durch die Landes- und Eisenbahneindrücke, sondern besonders auch als erster Schritt aus unseren beengten und bedrückenden Nachkriegsverhältnissen großes Erlebnis. Ich erinnere mich noch an die vielen Formalitäten, die damals der Auslandsreise eines Deutschen vorausgingen, und die noch komplizierter wurden, weil ich für alle unterwegs berührten Landeplätze wie Tunis, Nigeria und Belgisch-Kongo ein besonderes Visum benötigte.

Nach einem etwa dreißigstündigen Flug mit der KLM wurde ich im damaligen Flughafen Palmietfontain bei Johannesburg abends von Colonel Sydney H. Ash abgeholt, dessen Firma Ash Brothers (Pty) Ltd. seit 1925 die Henschel-Lokomotivvertretung in Südafrika, Rhodesien und Mozambique mit großen Erfolgen wahrgenommen hatte. Unter seiner Mitwirkung sind Aufträge von etwa fünfhundert Lokomotiven für Henschel hereingeholt und über seine Firma abgewickelt worden.

Schon am nächsten Morgen fuhr Mr. S. Ash mit mir zum Chief Mechanical Engineer der SAR, Dr. A. Loubser, nach Pretoria. Colonel Ash hatte in Anknüpfung an die früheren Verhandlungen bald nach dem Kriege die Kondensidee bei der SAR wieder aufgegriffen und durch den genannten Auftrag über den Umbau der Klasse 20 auf Kondensbetrieb zum ersten Erfolg geführt.

Außer den Besprechungen mit dem CME und dem von ihm mit der Durchführung betrauten, Ende der fünfziger Jahre zum General Manager Technical ernannten Ingenieur N. Bestbier gehörte zu meiner Unterrichtung auch eine Bereisung des südlichen Teils von Südwestafrika, wo die Probefahrten auf dem

Abschnitt Keetmanshoop — Karasburg der Hauptstrecke nach Windhoek statt-finden sollten. Auf der Reise wurde ich von dem Sohn Ashs, Langton Paton-Ash, einem technisch und kaufmännisch gleich hervorragenden Mitglied der Firma Ash Brothers, begleitet. Wir alle haben den frühzeitigen Tod dieses sympathi-schen und tüchtigen Mannes und Freundes 1961 zutiefst bedauert.

Mein erster Südwestbesuch fiel in den Mai, also in die Winterzeit, so daß ich die sommerlichen Höchsttemperaturen, die im Januar und Februar 40° C erreichen, damals noch nicht erlebte. Bei den Versuchsfahrten im Februar 1951 habe ich selbst im Schatten eine Lufttemperatur von 40° C gemessen. Beein-druckend waren in dieser Landschaft die wunderbare Färbung des Morgen- und Abendhimmels sowie die ins Blaue und Violette gehende Farbe der umliegenden, bis zu 2000 m hohen Bergkulissen, die nach Sonnenaufgang dann allerdings in die dürre Helle dieser trockenen Landschaft überging. Ich konnte verstehen, daß den damaligen Siedlern eine tiefe Sehnsucht zu diesem Lande erwuchs. Ein Ab-stecher über Seeheim, Mariental nach Windhoek machte die Erinnerung an die deutsche Zeit von Südwestafrika sehr lebendig. Auf dem Bahnsteig in Windhoek hing noch eine große Bahnhofsuhr mit der Inschrift „Otto Weber, Tauentzien-straße, Berlin". Die Schilder der Bahnhofstraße und Kaiserstraße hatten gotische Buchstaben, mehrere Hotels trugen deutsche Namen, und die Umgangssprache war neben Englisch und Afrikaans auch Deutsch, selbst in den Geschäften und Behörden.

Diese Bereisung des Bahnnetzes war für unsere Aufgabe sehr wertvoll, da ich so eine lebendige Vorstellung von den klimatischen Verhältnissen und den Be-triebsbedingungen gewinnen konnte, wichtig insbesondere für Überlegungen zur erforderlichen Größe der Kondensationsanlage. Die für den Einsatz von Kon-denslokomotiven in Betracht kommenden Strecken lagen meist in einer Seehöhe von 700 bis 1400 m, im Transvaal sogar bis 1700 m. Dadurch ist das spezifische Gewicht der Luft wesentlich niedriger, und das von den Lüfterrädern des Kon-denstenders zu fördernde Luftvolumen war entsprechend größer als bei den bis dahin von uns für Flachlandstrecken gelieferten Kondenslokomotiven. Die Siedegrenze bei Atmosphärendruck liegt niedriger als 100° C, bei 1400 m Seehöhe zum Beispiel bei 95° C, so daß die nutzbare Temperaturdifferenz zwischen Ab-dampf und Kühlluft entsprechend kleiner ausfällt.

Besonders zu beachten war auch die hohe Auslastung der SAR-Lokomotiven. Während im Reichsbahnbetrieb aus Unterhaltungsgründen für die Kessel der Einheitsloks nur mit maximal 60 kg/m²h Heizflächenbelastung gefahren wurde, geht man bei der SAR auf 80 bis 90 kg/m²h. Bei den Versuchsfahrten mit der Kondenslokomotive Klasse 20 wurde später eine Heizflächenbelastung von 88 kg/m²h erreicht.

Für diese hohe Auslastung mußte nun die Kondensanlage bemessen werden. Die starke Lokbeanspruchung führte außerdem zu einer nennenswerten Über-hitzung des Abdampfes, zumal viel mit hohen Füllungen gefahren wird.

Für die Versuchslokomotive hatten wir, um die Kosten des Prototyps niedrig zu halten, mit Zustimmung der Bahn einen der neuen, noch vorhandenen Tenderkörper der Baureihe 52 vorgesehen. Aufgrund meiner Eindrücke entschied ich mich für den langen Tenderkörper der fünfachsigen Kriegsausführung. Durch die nun wieder mögliche Verwendung von Kupfer für die Rohre des Kondensators sowie für die Rippen ließ sich die erforderliche Kondensatorgröße auf einem vierachsigen Tender unterbringen.

Die Kondensausstattung der Klasse 20 entsprach im übrigen derjenigen der Baureihe 52. Neuartig war nur die Speisepumpenanlage. Bei der SAR werden alle Dampflokomotiven mit Injektoren gespeist. Vorwärmer sind nicht in Gebrauch, wobei der sehr niedrige Preis der einheimischen Kohle eine Rolle spielt. Für das etwa 90° warme Kondensat schieden aber Injektoren aus. Wir entschlossen uns daher, bei dieser Kondenslokomotive erstmalig die von Henschel in den Nachkriegsjahren zunächst für Lokomotiven mit Mischvorwärmer bei der Bundesbahn zur Betriebsreife entwickelten Turbospeisepumpen anzuwenden. Auf diese Pumpenentwicklung wird in einem späteren Kapitel noch näher eingegangen. Hier sei nur bemerkt, daß fast kochendes Wasser bei einer sehr geringen Zulaufhöhe von einigen hundert Millimetern gegen den Kesseldruck zu fördern war. Wir hatten einen Pumpenläufer entwickelt, der diese Aufgabe betriebssicher löste, ohne daß es zu Förderstörungen oder Kavitationserscheinungen kam. Um den Zulauf möglichst sicher zu machen, waren die Pumpen bei der Klasse 20 direkt an den Kondensatsammelbehälter des Tenders angeschraubt, wodurch allerdings zwei Druckleitungen zur Lokomotive erforderlich wurden, die zwischen Lok und Tender beweglich sein mußten. Ihre Unterhaltung verursachte indes einigen Aufwand, so daß wir bei den später gelieferten Kondenslokomotiven der Klasse 25 die Speisepumpen unter dem Führerstand anbrachten, wobei die Verbindung zwischen Tender und Lokomotive aus zwei drucklosen Schläuchen bestand.

Das Zubehör für die Lokomotive der Klasse 20 sowie der fertige Kondenstender wurde 1950 geliefert und in den Pretoria-Werkstätten der Bahn ein- und angebaut. Die Maschine wurde im Juli 1950 zunächst im Ost-Transvaalgebiet in Dienst gestellt und in zahlreichen Läufen zwischen Pretoria und Thabazimbi (nördlich von Rustenburg) sowie auf der Strecke nach Pietersburg erprobt, um mit dem Betrieb der Kondensanlage vertraut zu werden und irgendwelche Kinder-Krankheiten („teething troubles") abzustellen.

Um die Anlage dann auch unter den heißesten Sommerverhältnissen zu testen, fanden unter dem Versuchsleiter der SAR, P. H. Marais, im Februar 1951 Meßwagenfahrten in Südwestafrika auf dem Abschnitt Karasburg — Keetsmanshop — Seeheim der dortigen Hauptstrecke statt, bei denen die Lufttemperatur 40° C im Schatten erreichte. Hieran schlossen sich Meßwagenläufe über die 40 km lange Steigung von 1 : 60 der Karroo-Hauptstrecke zwischen Laingsburg und Pietermeintjes an, um den Einfluß des Kondensationsbetriebes auf den Kohleverbrauch zu messen. An allen Versuchsfahrten des Jahres 1951 habe ich zusammen mit unserem Ingenieur Heinrich Carl teilgenommen, der schon die 2'D1'-Kondenslokomotiven der Argentinischen Staatsbahn betreut hatte und nun von Argentinien herüberkam, um seine durch den Krieg unterbrochene

Henscheltätigkeit mit dieser Versuchsarbeit in Südafrika wieder aufzunehmen. Bei den Versuchsfahrten mit der Klasse 20 in Südwestafrika war bei der sehr trockenen Luft und Temperaturen um 40° C im Schatten das Trinkbedürfnis besonders groß. Eine hervorragende Erfrischung boten Wassermelonen, die wir im Kühlschrank des Meßwagens kalt hielten. Bier wurde — zumal Alkohol im Bahnbetrieb ohnedies verboten war — auch im Interesse unserer Arbeitsfähigkeit nicht angerührt. Wenn wir dann aber gegen 18 Uhr die Fahrten in Karasburg beendet hatten, eilten wir zur „finest hour of the day" in das kleine Central-Hotel, um unseren Flüssigkeitsbedarf mit dem ausgezeichneten Swakopmundbier zu stillen. Man vertilgte zunächst eine halbe Gallone, also etwa zweieinhalb Liter, zu der im Laufe der Mahlzeit noch weitere Gläser hinzukamen. Hier gab es auch „Berliner Weiße".

Die Versuche mit der Klasse 20 wurden sehr methodisch und mit großer Sorgfalt durchgeführt. Das Ergebnis spiegelt sich in einem uns von der Bahn zur Verfügung gestellten Bericht wider, der den gesamten Versuchsablauf behandelt, und dessen Zusammenfassung hier auszugsweise wiedergegeben sei:

„Der Kondensator konnte stets die Abdampfmenge kondensieren, einen Fall ausgenommen, als die Maximalkapazität des Kondensators bei einer Verdampfungsleistung von 12,6 t/h (entsprechend einer Heizflächenbelastung von 88 kg/m²h) bei einer atmosphärischen Temperatur von 41° erreicht wurde."

„Die Kondenslokomotive ist sehr erfolgreich in Erfüllung ihres Hauptzweckes, der Wassereinsparung. Auf der Strecke betrug der Wasserverbrauch nur 7 bis 12 Prozent einer Normallokomotive, wobei der genaue Betrag von den auftretenden Leckagen abhing. Man kann einen Durchschnittswert von 10 Prozent annehmen, so daß die Wasserersparnis 90 Prozent beträgt, wodurch die Lokomotive, abhängig von der Strecke, der Last und den Dampflecks, einen Aktionsradius von 650 bis 1100 km aufweist."

„Die Kohlenersparnis, die aus der hohen Temperatur des Speisewassers resultiert, stieg von 7 Prozent bei niedriger Rostbelastung auf 16 Prozent bei hoher Rostbelastung (bis 700 kg/m² Rostfläche und Stunde)."

„Während der Versuchsvorhaben ereigneten sich keine Störungen, die als prinzipiell angesehen werden konnten. Obgleich die Lokomotive in Gegenden eingesetzt wurde, wo das Wasser äußerst schlecht war, ist der Kessel bisher frei von Kesselstein geblieben; die Perioden zwischen den Auswaschtagen sind erheblich größer als bei Normallokomotiven."

Bei dieser hohen Wassereinsparung hat auch der Rückgewinn des Abdampfes der Saugluftbremse für den Aktionsradius eine nicht geringe Rolle gespielt. Man hatte im Anfangsstadium von dessen Kondensation in der Annahme abgesehen, daß der Gegendruck in der Abdampfleitung den Wirkungsgrad des Bremsejektors beeinträchtigen würde. Der Frischdampfverbrauch des Ejektors von 230 bis 270 kg pro Stunde klingt an sich im Vergleich zur Dampferzeugung des Kessels nicht hoch. Bei der Kondenslokomotive kann er jedoch einen beträchtlichen Teil des Reservewasservorrates ausmachen. Auf der Strecke Pretoria — Pietersburg und zurück war der Bremsejektor etwa zwanzig Stunden in Betrieb und verbrauchte dabei 4500 bis 5500 kg Dampf, also ein Drittel des Fassungsvermögens im Reservewassertank. Nach Durchführung der Änderung zeigte sich,

72

23 Dampftriebzug
der Lübeck-Büchener
Eisenbahn auf dem
Hamburger Haupt-
bahnhof. Auf der linken
Bahnsteigseite der
Fliegende Hamburger.
        (Foto: LBE)

24 Dampfmotor-
Kleinlok für die LBE.
Im Maschinenraum der
Doblekessel.
        (Foto: Henschel)

25 Maschinendreh-
gestell der Reichsbahn-
Dampftriebwagen
DT 51/52. a = Dampf-
maschinen, b = Auf-
hängung der Dampf-
maschine, e = Frisch-
dampfleitung, f = Ab-
dampfleitung.
(Foto: Henschel)

26 Amerikareise 1933.
Von links: Dr. F. v. d.
Tann, Oscar R. Hen-
schel, Verfasser.
(Bordfoto: „Bremen")

27 Dampftriebwagen
DT 51 der Deutschen
Reichsbahn auf der
Strecke Göttingen-
Kassel über Dransfeld.
(Foto: Kreutzer)

28 Italienische Besucherkommission am DT 51 auf Hauptbahnhof Kassel. Links Oscar R. Henschel, 6. von rechts Dr. Hinz, 5. Reichsbahnoberrat Breuer, 4. Ministerialrat Stroebe, 3. Reichsbahnrat Koesters, ganz rechts der Verfasser. (Foto: Kreutzer)

29 Dampftriebwagen der Italienischen Staatsbahnen mit Henschel-Dampfantrieb auf der alten Apennin-Strecke über Pistoia. (Foto: FS)

30 Erste Henschel-Kondenslokomotive der Argentinischen Staatsbahnen, Achsanordnung 1'D1', Betr.-Nr. 7034.
(Foto: Henschel)

31 2'D1'-Henschel-Kondenslokomotive der Argentinischen Staatsbahnen, Betr.-Nr. 8000 bis 8005, 1938.
(Foto: Henschel)

32 Umbaulokomotive für die meterspurige Strecke Bagdad — Basrah der Irakischen Staatsbahnen, Achsanordnung 1'C, mit 1938 geliefertem Henschel-Kondenstender.
(Foto: I. St. R.)

33 E-Lokomotive der
Baureihe E der Sowjeti-
schen Staatsbahnen,
1933 in Kassel auf Kon-
densbetrieb umgebaut,
mit neuem Henschel-
Kondenstender, neue
Bauartbezeichnung E^k.
Links Obering. Böhmig,
4. von links Verfasser,
5. von links Dir. Dr.-
Ing. Fichtner, daneben
Dipl.-Ing. Agricola als
Henschel-Dolmetscher.
Im Führerhaus der rus-
sische Abnahme-
Ingenieur.

(Foto: Henschel)

34 Kondenslokomotive
E^k mit Meßwagen öst-
lich des Kaspischen
Meeres. (Foto: Leckert)

35 In Rußland seit
1935 in großer Stück-
zahl gebaute 1'E-Kon-
denslokomotive, Bau-
reihe SO^k.

(Foto: Roosen)

36 Russisches Schwimmdock mit Kondenslokomotiven der Sowjetischen Staatsbahnen im Hafen von Nikolajew nach Besetzung durch die deutschen Truppen, 1941.
(Foto: Wochenschau)

37 Konstruktionsbesprechung in Kassel. Von links: Obering. Hany, Obering. Thommen, Verfasser.
(Foto: Heins)

38 Kriegskondenslokomotive Baureihe 52 der Deutschen Reichsbahn mit fünffachigem Kondenstender vor Abgang nach dem Osten in Berlin-Schöneweide. Fünfter von links: Henschel-Ingenieur Rüggeberg in Reichsbahneruniform.
(Foto: DR)

39 Kriegskondens-
lokomotive der Deut-
schen Reichsbahn, Bau-
reihe 52, auf der Krim.
Vierter von links:
Ing. Rüggeberg.
 (Foto: Rüggeberg)

40 Im letzten Kriegs-
winter zerstörte Loko-
motivmontage der
Kasseler Henschel-
Werke. (Foto: Henschel)

41 Kondenslokomotive
der Deutschen Reichs-
bahn mit vierachsigem
Tender im Nachkriegs-
einsatz. Ausfahrt aus
Bahnhof Minden.
 (Foto: Düring)

Ld 618 a

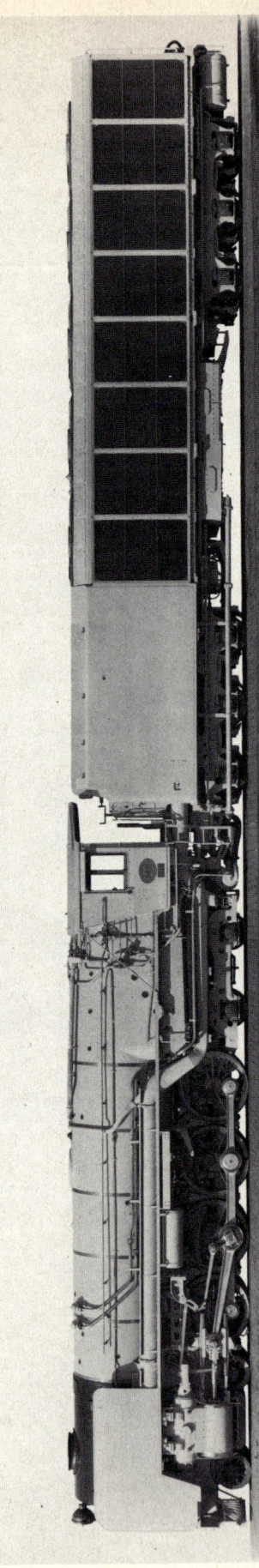

Ld. 1226 g

Ld. 4271 c

daß der Gegendruck das Vakuum in der Zugbremsleitung nur dann beeinträchtigte, wenn die Lokomotive sehr stark belastet wurde. Diesem Abfall konnte aber leicht dadurch begegnet werden, daß der Lokomotivführer beim Einschalten des Ejektordampfventils dieses etwas mehr öffnete als gewöhnlich.

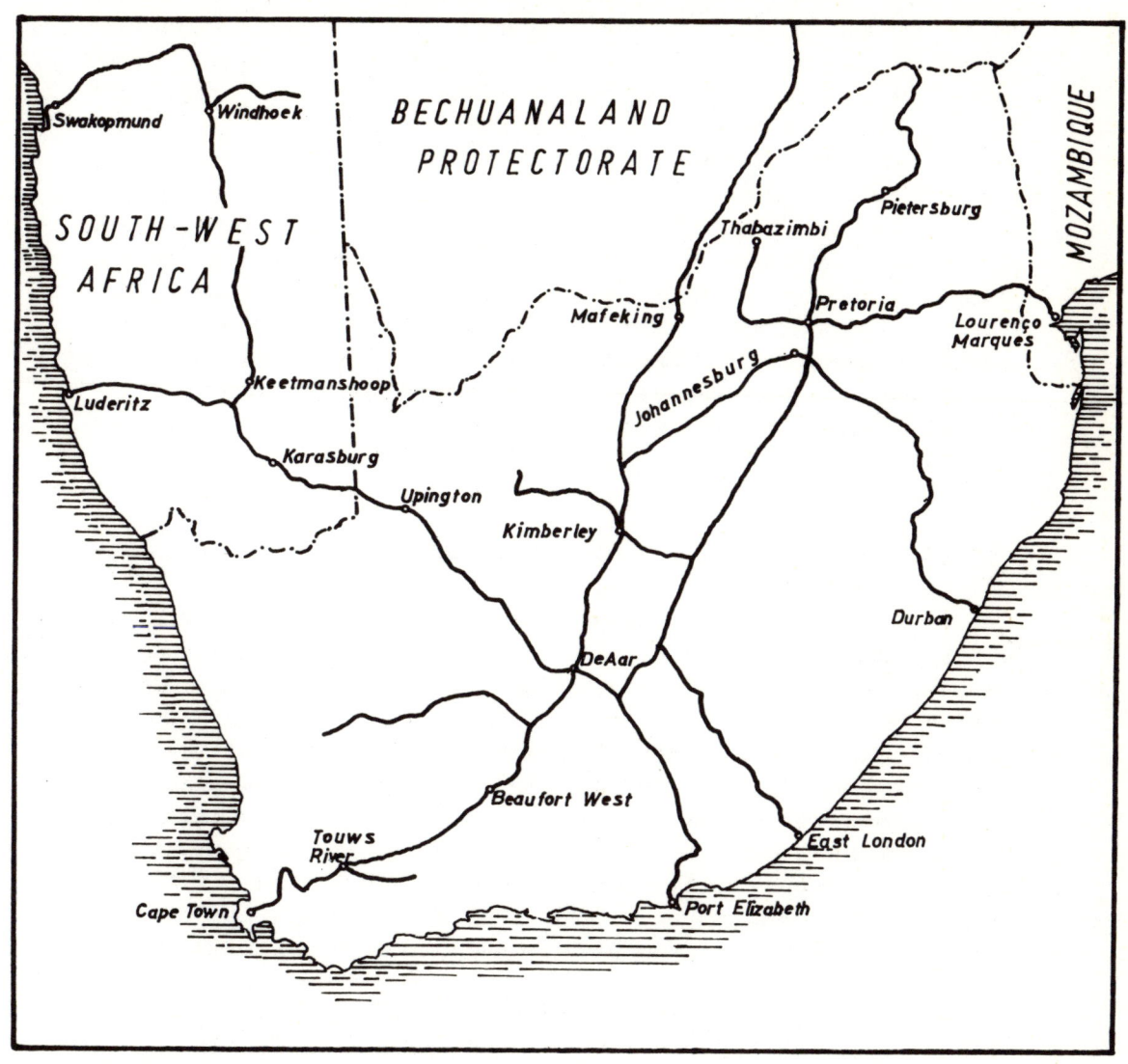

Die wichtigsten Strecken der South African Railways.

◀ 42   1'E-Henschel-Kondenslok 52 2006 der DR, Baujahr 1945.   (Foto: Henschel)

  43   2'D2'-Henschel-Kondenslokomotive Klasse 25 der Südafrikanischen Bahnen, 1952.
                                                                      (Foto: Henschel)

  44   2'D1'-Henschel-Kondenslokomotive Klasse 19 D der Rhodesischen Bahnen, 1952.
                                                                      (Foto: Henschel)

Eine weitere Einflußgröße auf den Aktionsraum bedeutete die Zugheizung, die auch in Südafrika erforderlich ist, da die Temperatur im Winter in vielen Gebieten bis unter Null absinkt. Hierzu führte der Versuchsbericht aus, daß bei einem Zug aus zehn Personenwagen und einem Gepäckwagen bei einem Heizdampfbedarf von 45 kg pro Stunde und pro Wagen auf Strecken, wo die Lok in der warmen Jahreszeit oder vor Güterzügen 1100 km ohne Wassernehmen zurücklegen konnte, sich der Aktionsradius mit dem Reservevorrat des Tenders von 15 m³ um 43 Prozent verringerte. Er reichte dann aber auch noch für 450 bis 640 km. Dieser Hinweis zeigt auch die betrieblichen Einflüsse, die den Aktionsradius ohne Wasserergänzung verändern, denn der Heizdampf für den Zug geht natürlich verloren.

Die Lokomotive Klasse 20 wurde nach Abschluß der Versuche dem normalen Betriebsdienst überwiesen. Sie hatte schon in der Erprobungszeit in Bahnkreisen erhebliches Aufsehen erregt, besonders durch die geringe Geräuschentwicklung durch den Fortfall des klassischen Auspuffschlages. Sie erfreute sich deshalb verschiedener Spitznamen. In Englisch war als Name „Silent Suzie" verbreitet, während in Afrikaans das sowohl kennzeichnende wie auch Zuneigung ausdrückende Wort „Trapsoetjies" gebildet wurde, was soviel wie „leisegehend" bedeutet.

Die Konstruktion der größten Kondenslok, Klasse 25 der South African Railways

Schon während der Entstehungszeit dieser Kondensversion der Klasse 20 fanden zwischen der Bahn und Henschel Überlegungen statt, ob und wie sich die von der SAR für die ständig wachsenden Leistungsanforderungen auf der Karroostrecke entworfene und ausgeschriebene neue Baureihe Klasse 25, eine 2'D2'-Bauart, als Kondenslokomotive ausbilden ließe. Die Verstärkung des Lokomotivparkes durch eine große Bauart für die zügige Verkehrsabwicklung auf dieser Strecke war dringend notwendig geworden. Andererseits machte die Wasserversorgung, insbesondere auf dem 550 km langen Abschnitt zwischen Tows Rivier am Fuße der Hexriver Mountains und De Aar, dem Anschluß der Strecke nach Südwestafrika, große Sorgen. Von hoher Seite fiel einmal das Wort: „It ist not a question of saving water — the question is of not having water at all".

Der steigende Wasserbedarf des Bahnbetriebes mußte dieser besonders in den Wintermonaten sehr regenarmen Landschaft entzogen werden, so daß der Grundwasserspiegel und damit die Farminteressen des vornehmlich der Schafzucht dienenden Gebietes berührt wurde. Da die Bahn das Kesselspeisewasser aus Privathand bezog, stiegen mit der Verknappung auch die Kosten. Ein Einsatz von Diesellokomotiven wurde nicht in Betracht gezogen, da für diese bei der SAR noch keine Erfahrungen und Einrichtungen vorhanden waren. Südafrika verfügt über keine eigenen Ölquellen, während die überaus reichlichen Kohlevorkommen im Transvaal in geringer Tiefe abgebaut werden und dadurch eine

Versorgung mit sehr billiger Lokomotivkohle mit einem Heizwert von rund 6500 kcal/kg gewährleistet ist. Die Entscheidung fiel daher eindeutig zugunsten des gewohnten und bewährten Dampfbetriebes.

Zu den Verhandlungen, die zur Erteilung dieses großen Auftrages führten, war Herr Henschel selbst nach Südafrika gekommen. Zuvor hatte er sich durch eine Rückfrage bei mir nochmals vergewissert, daß ich die Klasse 25 in Kondensausführung für möglich hielte. Die Verhandlungen bei der Bahn fanden gemeinsam mit der North British Locomotive Company statt, wobei Ash Brothers und Herr Hardebeck in bewährter Weise mitwirkten. Das galt auch bei der Abwicklung dieses Auftrages. Colonel Ash hat mir in den oft schwierigen Situationen der Erprobungszeit dann noch mit seiner großen Erfahrung sehr beigestanden.

Von der Klasse 25 wurden 1951 für das Karoogebiet kurzfristig 140 Einheiten bestellt. Die Bahn entschloß sich aufgrund der guten mit der Klasse 20 gewonnenen Erfahrungen, 90 dieser Lokomotiven in Kondensausführung zu beschaffen, während 50 Maschinen in Normalausführung zu bauen waren, die zur Unterscheidung der Bauartbezeichnung 25 NC (= Non Condensing) erhielten. Die Lieferung wurde auf zwei Lokomotivfabriken aufgeteilt und bis 1955 abgeschlossen. Die Firma North British in Glasgow erhielt einen Auftrag auf 89 Lokomotiven in Kondensausführung, auf 30 Kondenstender und 11 Lokomotiven der NC-Bauart, die Firma Henschel & Sohn einen Auftrag auf eine Kondenslokomotive als Prototyp, auf 60 Kondenstender sowie auf 39 NC-Lokomotiven.

In diesem Gesamtauftrag fiel Henschel neben dem paritätischen Anteil an der Konstruktion der Klasse 25 die Durchbildung und der Bau des zur Lok gehörenden Kondens-Zubehörs zu. Die Teile wurden dann für die bei NBL zu bauenden Maschinen nach Glasgow gesandt. Es entstand so ein ungewöhnlicher Fall von internationaler Zusammenarbeit, die das Vorstandsmitglied von North British, Mr. R. Arbuthnott, später anläßlich eines von mir vor der Institution of Locomotive Engineers 1960 in London über die Bauart und die Betriebsergebnisse der Klasse 25 gehaltenen Vortrages so formulierte: „The locomotives were unusual in a number of ways: first it was unusual for the resources of competitors with drawing offices separated by some seven hundred miles and a language difficulty thrown in, to be brought together by a customer to produce a joint design. It was also unusual for certain major components to be designed in one drawing office and mated to parts from another. However, such was the case and with the mutual co-operation and goodwill which existed throughout and under the guiding hand of the Advisory Engineer to the South African Government, Mr. W. H. W. Maas in London, a most succesful locomotive was produced".

Die Gemeinschaftsaufgabe wurde unter ständiger Mitarbeit der SAR durchgeführt. Hierzu ordnete die Bahn zwei Ingenieure ab, Mr. H. J. L. Du Toit und Mr. J. H. Kirkpatrick, die 1951/52 während der Konstruktionszeit in Kassel und in Glasgow das Genehmigungsverfahren wahrnahmen. Zu diesem Zeitpunkt war das von Oberingenieur Dipl.-Ing. P.-H. Bangert geführte Konstruktionsbüro für Auslandslokomotiven (TB 2) schon mit großen Exportaufträgen auf Garratt-Lokomotiven für die SAR und Mozambique fast völlig ausgelastet. Daher wurde für die Konstruktionsarbeit der Klasse 25 das unter Leitung von Oberingenieur Regierungsbaumeister a. D. Bruno Riedel stehende Inlandsbüro (TB 1) eingesetzt. Den Angebotsentwurf hatte zuvor Oberingenieur Dr.-Ing. Kurt Ewald in der von ihm seit Anfang der dreißiger Jahre geleiteten Projektabteilung erstellt.

Auf meine Abteilung entfiel wieder die Konstruktionsarbeit für den Kondenstender und das Kondenszubehör der Lokomotive. Die Gesamtleitung der technischen Bereiche Lokomotiv- und Maschinenbau hatte nach Ausscheiden von Dr.-Ing. Hinz damals Dipl.-Ing. Karl Frydag, früher Vorstandsmitglied der Henschel-Flugzeugwerke in Berlin-Schönefeld, als neuer technischer Vorstand der Firma Henschel & Sohn übernommen.

Da es sich bei dieser Darstellung im wesentlichen um den Kondensaspekt der Klasse 25 handelt, glaube ich, auf die eingehende Beschreibung dieser für die Kapspur von 1067 mm ungewöhnlich leistungsstarken Lokomotive selbst verzichten zu können.

Die Hauptabmessungen der Klasse 25 sind folgende:

Spurweite	1067	mm
Größte Achslast	18,8	t
Zylinderdurchmesser	609	mm
Kolbenhub	711	mm
Treibraddurchmesser	1524	mm
Laufraddurchmesser	762	mm
Fester Achsstand	4800	mm
Gesamtachsstand	11582	mm
Kesseldruck	16	at
Rostfläche	6,50	m²
Verdampfungsheizfläche	290	m²
Heizfläche in der Feuerbüchse	27,7	m²
Überhitzerheizfläche außen	59	m²
Reibungsgewicht	75	t
Leergewicht	110,6	t
Dienstgewicht	124,6	t
Wasservorrat	23	t
Kohlevorrat	19,5	t
Leergewicht	69	t
Dienstgewicht	110	t
Gesamtachsstand von Lok und Tender	29000	mm
Zugkraft (0,75 p)	20500	kg
Größte Geschwindigkeit	90	km/h
Kleinster Halbmesser	85	m

Hervorgehoben seien von ihren Hauptabmessungen die Gesamtheizfläche von 290 m² (feuerberührt) und die Rostfläche von 6,5 m². Bei einer Dampferzeugung von rund 24 t/h ergibt sich eine Heizflächenbelastung von 83 kg/m², die ihrem mit Verbrennungskammer und Quersiedern in der Feuerbüchse ausgerüsteten Riesenkessel leicht entnommen werden konnte. Dieser Dampferzeugung entspricht eine indizierte Leistung von etwa 3000 PSi. Die große Leistungsfähigkeit ist nicht nur für die hohen Zuggewichte des „Blue Train" (12 Wagen, 670 t) und die oft 15 Wagen langen Passenger Trains (838 t) erforderlich, sondern auch durch das sehr gebirgige Gelände, das im Karroobereich ständig zwischen 400 und 1400 m Höhenlage wechselt. Da die Höchstgeschwindigkeit wegen des Trassenverlaufes auf 90 km/h begrenzt ist, kann eine hohe Reisegeschwindigkeit nur dadurch erreicht werden, daß die Lok auf den häufigen und langen Steigungen von 1 : 60 „schnell am Berge" ist. Güterzüge hatten um 1000 t.

Für die Lokomotive war auf Verlangen der Bahn von vornherein ein einteiliger Stahlgußrahmen mit angegossenen Zylindern vorgesehen, ebenso für die Tender der NC-Ausführung. Für den Rahmen des Kondenstenders war die Entscheidung noch offen. Die Technologie für so große Stahlgußstücke war seit den zwanziger Jahren von der General Steel Castings Corporation (Commonwealth) in USA zu großer Vollkommenheit entwickelt worden. Sie vermeidet alle Niet- und Schraubverbindungen und senkt dadurch die Unterhaltungskosten. Wenn auch eine Schweißkonstruktion, die wir für den Kondenstender zunächst vertraten, ebenfalls eine von der Bahn geforderte Lebenszeit von 45 Jahren versprach, fiel die Entscheidung schließlich für den Stahlgußrahmen, dessen Herstellung bei 17 m Länge und 10,5 t Fertiggewicht eine außerordentliche gießtechnische Leistung darstellte. Seine Konstruktion wurde in enger Zusammenarbeit mit dem Vizepräsidenten William Sheehan von der amerikanischen Firma in Kassel durchgeführt.

Besprechungen dieser Art führten mich im November 1951 noch zweimal nach Südafrika. Gleichzeitig waren die Auslegung und Einzeldurchbildung aller Kondenskomponenten in Kassel voranzutreiben. Die Konstruktion der Kondensausrüstung stellte trotz aller schon verfügbaren Erfahrungen eine schwierige Aufgabe dar. Die Dampfleistung des Kessels der Klasse 25 — und damit die zu kondensierende Abdampfmenge — lag mit 24 t/h doppelt so hoch wie bei den bisher gebauten Kondenslokomotiven. Der Tender war wie bei der Klasse 25 NC auf 18,3 long tons (1 lgt = 1016 kg) Achslast beschränkt. In diesen Gewichtsgrenzen waren 20 t Kohle, die Kondensationsanlage und ein möglichst großer Reservewasservorrat unterzubringen. Dabei mußte gesichert werden, daß auf beide Drehgestelle genau die Hälfte des Gesamtgewichtes entfiel.

Die 20 t Kohle am vorderen Tenderende stellten eine sehr konzentrierte Last dar, so daß wir das hintere Drehgestell wegen des spezifisch geringeren Gewichtes der Kondensatorpartie möglichst weit vorziehen wollten. Dem waren aber, um Entgleisungen der angehängten oder bei Rangierfahrten nach rückwärts geschobenen Wagenlast auch in S-Kurven zu vermeiden, durch den höchstzulässigen Kupplungsausschlag am Tenderende Grenzen gesetzt. Die nachträglich nicht mehr abänderbare Lage der Drehgestellzapfen im Stahlgußbett mußte, damit die Arbeit beim Lieferer des Stahlgußrahmens aufgenommen werden konnte, so schnell wie möglich geklärt werden.

Dazu waren vor allem Größe, Gewicht und Anordnung des Kondensators festzulegen. Die Bauhöhe der Kondensatorelemente war durch das Umgrenzungsprofil, das sich übrigens trotz der Kapspur nicht wesentlich vom Profil I der Deutschen Bundesbahn unterscheidet, ziemlich gegeben. Um die Länge des Kondensators festzulegen, bedurfte es aber eingehender rechnerischer Untersuchungen. Man kann die erforderliche Kühlleistung bei verschiedenen Konfigurationen von Stirnfläche und Blocktiefe, also der Zahl der hintereinander geschalteten Rohrreihen, verwirklichen. Maßstab ist hierbei die Lüfterantriebsleistung, die vom Abdampfstrom der Lokomotive aufgebracht werden muß. Diese ist ihrerseits von Stirnfläche und Blocktiefe des Kondensators, also von dem Durchtrittswiderstand für die Kühlluft, stark abhängig. Sie weist, wie ich in meiner Dissertation „Abdampfkondensation durch Luftkühlung auf Fahrzeugen unter besonderer Berücksichtigung des Leistungsbedarfes und der Regelfähigkeit" 1936 nachgewiesen habe, bei einer bestimmten Verbindung von Stirnfläche und Blocktiefe ein Minimum auf. Dieses Leistungsminimum ist aber nur mit einer großen Rohrreihenzahl und einem entsprechenden Gewichts- und Kostenaufwand zu erreichen.

Hinsichtlich der von der Tenderburbine aufzubringenden Leistung ist noch zu berücksichtigen, daß auch die Abdampfturbine des Saugzugantriebs und die Widerstände in der Abdampfleitung von der Rauchkammer zum Tender einen Druckabfall mit sich bringen. Andererseits soll die von der Lokomotive ausgeübte Zugkraft nicht beeinträchtigt, also der normale Blasrohrgegendruck ungefähr beibehalten werden. Dieser beträgt bei der stokergefeuerten Lokomotive mit selbsttätiger Reinigung der Rauchkammer von mitgerissener Lösche (self cleaning front end) bei hoher Kesselbelastung rund 1 atü. Als Wärmegefälle bis zum Kondensator stehen dann etwa 30 kcal/kg Abdampf zur Verfügung, wovon etwa 22 kcal für den Ventilatorantrieb ausreichen müssen und etwa 8 kcal auf die Saugzugturbine und die Rohrleitungswiderstände entfallen.

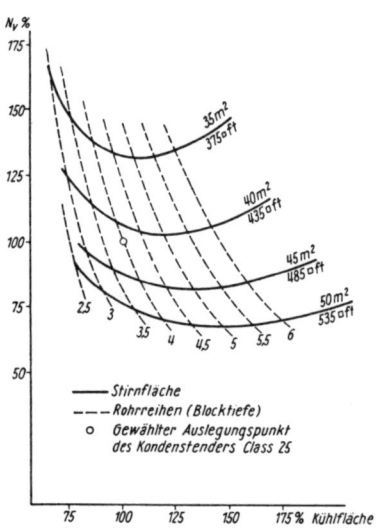

Leistungsbedarf N_V zur Überwindung des Kondensatorwiderstands bei gegebener Außenlufttemperatur und Dampfmenge. Der Kreis gibt die bei der Klasse 25 gewählte Konfiguration wieder.

Alle diese Einflußgrößen galt es gegeneinander abzuwägen. Das war auch bei früheren Henschel-Kondenslokomotiven notwendig gewesen, aber die gewaltige Leistung der Klasse 25 stellte extreme Anforderungen an eine möglichst günstige Abstimmung aller Einflußgrößen. Wie bei der Besprechung der Klasse 20 schon erwähnt, war auch die Seehöhe zu berücksichtigen. Die gewählte Konfiguration entspricht dem in der Abbildung gekennzeichneten Punkt. Der Kondensator wurde in zweimal acht Elemente unterteilt, die über zwei auf Konsolen des Rahmens liegenden Sammeltrögen für das ablaufende Kondensat aufgestellt wurden. Diese Tröge waren auf der mittleren Konsole fest verschraubt, konnten sich aber gegenüber den Konsolen an beiden Enden längs verschieben.

Solche Lösungen waren nicht selbstverständlich. Es wurde anfangs auch der Gedanke erwogen, die Sammeltröge gleich an den Stahlgußrahmen anzugießen. Die große Länge des Kondensators machte aber ein gründliches Überdenken aller Ausdehnungsfragen der Gesamtstruktur zwischen kaltem und warmem Zustand erforderlich.

Die Konstruktion stand also vor zahlreichen Problemen, deren schnelle und möglichst optimale Lösung nicht nur durch die Terminlage, sondern auch durch den Umstand erschwert wurde, daß Änderungen während des Baues im Hinblick auf den Stahlgußrahmen tunlichst vorgebeugt werden mußte. Nachträglich kann man sich nur noch unvollkommen vergegenwärtigen, unter welcher geistigen und seelischen Anspannung diese Arbeiten vor sich gingen. Bei allen Berechnungen war uns der Mathematiker der Abteilung, Dr. Eugen Spehr, ein früherer Peenemünder, der 1946 zu uns gekommen war, ein sehr wertvoller Helfer.

Einige weitere konstruktive Einzelheiten seien noch erwähnt. Für das Durchsaugen der Kühlluft durch den Kondensator wurden fünf Lüfterräder von 2000 mm Durchmesser vorgesehen, die bei Vollast und einer Außenlufttemperatur von 40° C eine Kühlluftmenge von rund 360 kg/s, also 1,3 Millionen m^3 pro Stunde zu fördern haben. Ihre Drehzahl beträgt dabei etwa 1000 U/min.

Die Antriebsturbine wurde nicht mehr, wie bisher, am vorderen Ende des Wellenstranges, sondern zwischen dem zweiten und dritten Antriebsturm der Lüfteranlage angeordnet, um die Verteilung des Abdampfes auf die Elemente zu egalisieren und die Wellenleistung so aufzuteilen, daß gleiche Antriebselemente verwendet werden konnten. Das Turbinenaggregat mußten wir dazu ganz neu durchbilden. Der Turbinenläufer wurde hierbei freifliegend ausgeführt. Es erhob sich die Frage, ob die Wellen Wälzlagerung erhalten könnten. Bedenken bestanden erstens wegen etwaiger Rostschäden infolge nicht genügend dichter Stopfbüchsen, zweitens auch wegen der Gefahr, daß sich die Wälzlager im Stillstand während des langen Seetransportes durch Schiffsschwingungen einschlagen könnten. Solche Schäden traten aber nicht ein, Korrosionsschäden wurden durch Labyrinthdichtungen mit Ventilation vermieden. Die Lüfteranlage wurde wieder auf den Reservewasserkasten aufgesetzt, der mit dem Stahlgußrahmen verschweißt war und so zu dessen Versteifung diente. Hinsichtlich der Struktur hatte die Bahn vorgeschrieben, daß die Spannungen an keiner Stelle 800 kg/cm^2 überschreiten sollten.

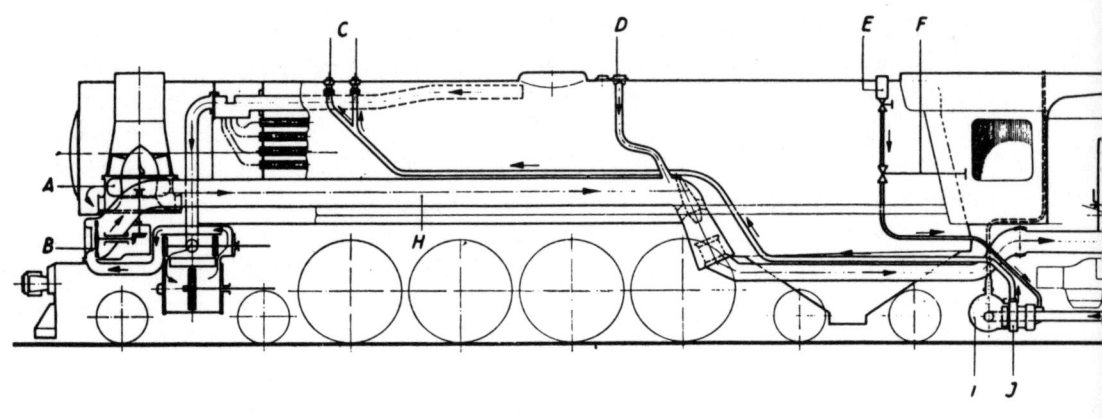

A	Saugzuggebläse	F	Regelventile für	J	Turb
B	Saugzugturbine		Turbospeisepumpen	K	Abd
C	Kesselspeiseventil	G	Entlüftung	L	Lüft
D	Sicherheitsventil	H	Hauptabdampfleitung	M	Entl
E	Armaturenstutzen	I	Kondensatbehälter	N	Lüft

Funktionsschema des Henschel-Kondensationssystems an der SAR-Klasse 25

Eine schwierige Einzelaufgabe war auch die Führung der Hauptabdampf-leitung von der Lokomotive auf den Tender. Diese Rohrleitung, deren Durch-messer zur Minderung der Strömungsverluste mit 400 mm gewählt wurde, konnte aus Platzmangel nicht mehr, wie bei früheren Lieferungen, über dem Kuppeleisen zwischen Lok und Tender untergebracht werden, da bei dieser sto-kergefeuerten Lokomotive hier das Rohr für die Kohleförderschnecke hinzu-gekommen war. Gegen eine Anordnung ganz außen sprach die große Verschie-bung, welche Lokomotiv- und Tenderrahmen gegeneinander ausführen, wenn die Maschine Gleisdreiecke mit einem Minimalradius von nur 75 m zu durch-fahren hatte. Schließlich gelang aber eine Lösung dadurch, daß von den drei für die Beweglichkeit der Leitung erforderlichen Kugelgelenken das zweite, auf dem Tender gelegene auf einen kleinen Rollwagen gesetzt wurde, der in der Längsrichtung eine Bewegung von 300 mm zuließ. Die Leitung wurde außen und dann quer zum Tender zum dritten Kugelgelenk geführt, das mit dem Ge-häuse des unterhalb des Kohlenkastens angeordneten Ölabscheiders verbunden war. Diese anfangs nicht ohne Skepsis aufgenommene Lösung hat sich kinema-tisch und in der Unterhaltung bestens bewährt. Solche Hinweise geben ein Bild, daß diese Lösungen nicht einfach mit dem Storchschnabel aus kleineren Leistungs-größen „wie gehabt" abgenommen werden konnte: Einfallsreichtum und Wage-mut waren gleichermaßen erforderlich.

Ich wende mich nun der Sonderausstattung der Lokomotive zu. Zu dieser gehört, wenn man vom Tender her anfängt, zunächst die Kesselspeiseeinrichtung. Wir wählten wie bei der Klasse 20 die Henschel-Turbospeisepumpe. Das Modell war entsprechend der größeren Kesselleistung für die höhere Fördermenge neu

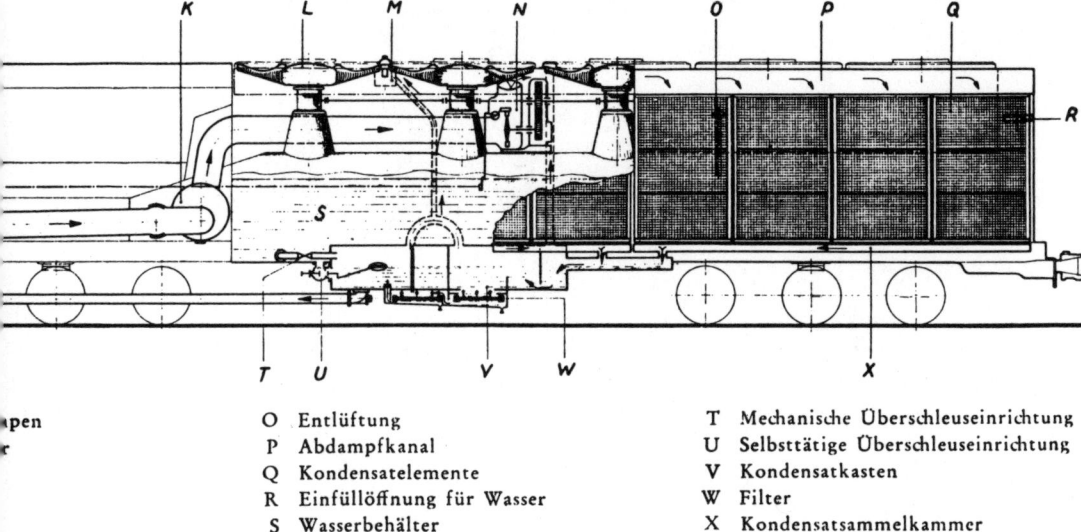

pen

r

O Entlüftung
P Abdampfkanal
Q Kondensatelemente
R Einfüllöffnung für Wasser
S Wasserbehälter

T Mechanische Überschleuseinrichtung
U Selbsttätige Überschleuseinrichtung
V Kondensatkasten
W Filter
X Kondensatsammelkammer

durchzubilden. Sie betrug jetzt 450 Liter/min, die als nahezu kochendes Wasser gegen einen Kesseldruck von 16 atü zu fördern waren. Die Drehzahl der Pumpe beträgt hierfür rund 12 000 U/min. Es sei vorab bemerkt, daß sich auch diese Pumpen von Anfang an im Betrieb sehr gut bewährt haben. Sehr vorteilhaft waren ihre geringe Größe und ihr niedriges Gewicht. Die Pumpen wurden, um bewegliche Druckleitungen zu vermeiden, bei der Klasse 25 unter dem Führerstand angebracht und dort an einen kastenförmigen Speicherbehälter geschraubt.

Bei der Ersterprobung an der fertigen Lokomotive auf dem Fabrikhof trat in diesem Kasten eine vorher noch nie beobachtete feinste, fast milchartige Schaumbildung des Wassers auf, deren Ursache wir schließlich als Resonanz zwischen einer von den rotierenden Flügeln des Pumpenläufers ausgehenden Anregung und der Eigenschwingungswahl der Behälterbleche diagnostizierten (man muß aber darauf kommen). Eine zylindrische Form dieses Zwischenbehälters mit dicken Stirnplatten schuf schnelle Abhilfe.

Eine besondere Betrachtung verdient das Saugzuggebläse der Lokomotive. Bei den bisherigen Kondensloks war ein Radialgebläse verwendet worden. Da sich inzwischen am Gebläserad der Klasse 20 Verschleißerscheinungen eingestellt hatten, verlangte die Bahn für die Klasse 25 eine Anordnung, die einen einfacheren Wechsel des Gebläserades ermöglichte, ohne daß dabei ölführende Teile geöffnet oder entfernt werden müßten. Nach verschiedenen Untersuchungen wurde auf meinen Vorschlag hin ein Axialrad gewählt. Es wurde auf einer senkrechten Welle nahe dem Rauchkammerboden angeordnet und über ein Kegelradvorgelege von der vorn unter der Rauchkammer auf einer waagerechten Welle angeordneten Abdampfturbine angetrieben. Dieses Vorgelege stellte übri-

89

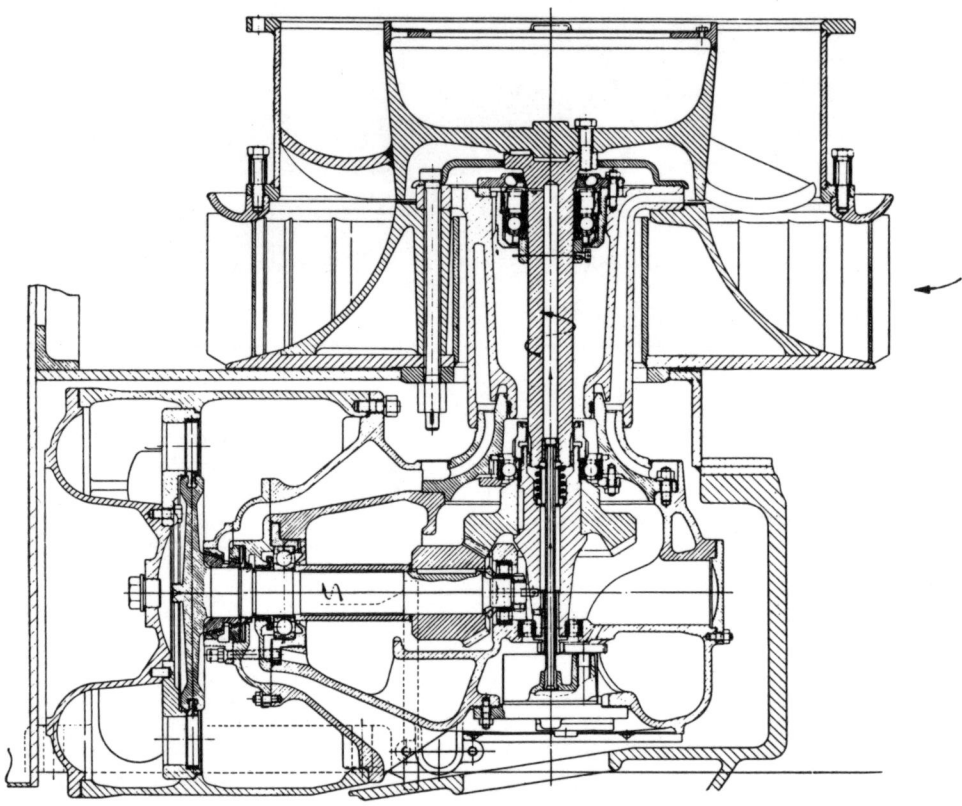

Saugzuggebläse mit Abdampfturbine an der Klasse 25, Leistung etwa 150 PS, Drehzahl bei 4500 U/min.

gens insofern eine Besonderheit dar, als die Umfangsgeschwindigkeit der Kegelräder bei Höchstlast der Lok 50 m/s erreichte, ein bei Kegelradgetrieben bis dahin noch nicht gewagter Wert. Zum Vergleich sei erwähnt, daß bei den Hinterachstrieben von Kraftwagen die Umfangsgeschwindigkeit der Kegelräder nur etwa 15 m/s beträgt. Die Kegelräder dieser Saugzuganlage erhielten Klingelnbergverzahnungen; sie haben sich dank bewußter Überdimensionierung und durch das sehr verformungssteif durchgebildete Stahlgußgehäuse des Getriebes sehr gut bewährt. Bei einer nach längerer Betriebszeit aus anderem Anlaß bedingten Zerlegung der Getriebe zeigten die Zähne ein hervorragendes Tragbild, obwohl dieser Antrieb durch die stoßweise anfallenden Abdampfmengen hohen Belastungen ausgesetzt war.

Doch nun zurück zum eigentlichen Saugzuggebläse, das funktionell und in der Ausbildung so einfach aussah, sich aber doch als recht problemreich erwies. Bei einer stokergefeuerten Lokomotive wird die mit der Förderschnecke vom Tender herangebrachte Kohle über eine Verteilerplatte unter der Feuertür durch von Hand einstellbare Dampfstrahlen über den Rost verteilt. Die Kohle hat schon vom Transport her und zusätzlich durch den Abrieb in den Förderschnecken einen namhaften Anteil an Feinkohle. Im Gegensatz zur Handfeuerung fällt sie bei dieser Beschickungsart nicht immer auf den Rost, wo sie in normaler Weise ausbrennen könnte, sondern wird infolge der orkanartigen Gasgeschwindigkeit in der Feuerbüchse, die stellenweise 80 m/s erreicht, mitgerissen und findet keine Zeit für einen vollständigen Ausbrand. Die Teilchen verkoken dann nur und gelangen mit der Gasströmung durch die Rauch- und Heizrohre in die Rauchkammer. Bei europäischen Bahnen wird diese „Lösche" durch die verhältnismäßig milde Blasrohrwirkung nur zum geringen Teil aus dem Schornstein ausgeworfen, der Rest nach Betriebsschluß aus der Rauchkammer herausgeschaufelt oder durch ein Fallrohr abgelassen. Diese mühsame Arbeit wird nach amerikanischer Praxis dadurch vermieden, daß durch Einbauplatten in der Rauchkammer und eine verstärkte Blasrohrwirkung die gesamte Lösche durch den Schornstein mitgerissen wird. Die Rauchkammer ist dann wie reingefegt. Dieses „self cleaning front end" ist auch bei der SAR üblich. Hohe Lokomotivbelastungen treten dort meist nur in schwach oder gar nicht besiedelten Gebieten auf, so daß eine Behelligung der Umgebung nicht ins Gewicht fällt — eher schon für die Reisenden, was in USA frühzeitig zur Klimatisierung der Züge führte.

Angesichts des erhöhten Anfalls von Lösche — in Südafrika „char" genannt — war ein nicht unerheblicher Verschleiß an der Beschaufelung des Saugzugrades zu erwarten. Dieser hängt, wie die Erfahrung an anderen Saugzugventilatoren gezeigt hat, sehr von der Umfangsgeschwindigkeit des Gebläses ab. Die Aufgabe bestand daher darin, ein Gebläse mit hoher Druckziffer zu entwickeln, das aber in seinem Arbeitsbereich noch in genügendem Abstand von der Pumpgrenze blieb.

Unsere Überlegungen führten zu einer Bauweise mit Vorleitapparat, dessen Eintrittswinkel um 50 Grad entgegen dem Umlaufsinn gerichtet war, und einem Gebläserad mit drei in Umfangsrichtung langen, zylindrisch gekrümmten Schaufeln, bei denen der Steigungswinkel an der Nabe naturgemäß größer ausfiel als am Außenumfang. Dem durch die langen Schaufeln zu erwartenden größeren Verschleiß an der Außenkante, der zunehmende Spaltverluste verursachen könnte, wurde durch eine Querkrümmung der Schaufeln begegnet. Prüfstandsversuche mit Modellrädern in kleinem Maßstabe erwiesen die Richtigkeit dieser Konzeption. Das geforderte Rauchkammervakuum von 10 Zoll gleich 250 mm Wassersäule, also etwa das Doppelte des bei Reichsbahnlokomotiven vorkommenden Wertes, konnte mit einer Gebläsedrehzahl von 3000 U/min erreicht werden. Der Durchmesser des Gebläserades betrug 920 mm. Der Vorteil der langen Schaufeln lag darin, daß bei zunehmendem Verschleiß an der Eintrittskante die Ablösungsverluste auf der Saugseite der Schaufeln nur unbedeutend blieben. Die Schaufeln selbst wurden aus $3/4$ Zoll (= 20 mm) starkem Kesselblech gepreßt und an die Nabe angeschweißt.

Im Endzustand führte die Notwendigkeit, den Verschleiß weiter zu vermindern, bei der Erprobung im Betrieb zum Fünf-Flügelrad mit steiler gestellten, aus Mangan-Stahlguß gefertigten Schaufeln, die an der gefährdetsten Stelle eine Dicke von $1^1/4$ Zoll (= 32 mm) aufwiesen. Im Zuge der Erprobung der ersten Lokomotive wurde hinter dem Gebläserad noch ein Nachleitapparat angebracht, der die Ausströmung der Gase aus dem Schornstein wesentlich vergleichmäßigte und drallfrei machte, so daß die Rauchsäule achsparallel ausgestoßen wurde. Mitgerissene, noch glühende Teilchen wurden durch den Aufprall an diesen Leitblechen zertrümmert und dabei gelöscht. Ein nennenswerter Verschleiß an diesen Nachleitschaufeln trat nicht auf. Der Nachleitapparat ermöglichte zudem eine höhere Druckziffer und eine Senkung der Drehzahl, also der Umfangsgeschwindigkeit, die einen mehr als quadratischen Einfluß auf den Verschleiß hat. Damit trat eine generelle Verringerung der Schaufelabnutzung ein. Die mit dieser Gebläseausführung verwirklichte Druckziffer liegt bei 1,05. Sie ist also wesentlich höher als bei Axialrädern bekannter Bauarten, die höchstens eine Druckziffer von 0,8 erreichen.

Um den Gebläseradverschluß noch weiter herabzudrücken, wurde der Abgasstrom in der Rauchkammer durch Leitbleche so umgelenkt, daß die Hauptmenge des Char vor Eintritt in das Gebläserad durch Fliehkraft abgeschieden und in einem Trog am vorderen Boden der dazu um 200 mm verlängerten Rauchkammer gesammelt wurde. Der abgeschiedene Char wurde dann durch einen kleinen, frischdampfbetriebenen Ejektor aus dem Trog abgesaugt und in der Schornsteineinmündung dem austretenden Rauchgasstrom wieder zugesetzt. Diese Methode bot übrigens die Möglichkeit, die Menge der bei einer solchen Stokerfeuerung während hoher Kesselanstrengung mitgerissenen verkokten Feinkohle zu messen. Bei einer Meßfahrt wurde ein Auswurf von etwa einer Tonne pro Stunde festgestellt, was fast einem Viertel der bei hoher Last in die Feuerbüchse zugeführten Kohle entspricht.

Die Laufleistungen zwischen den Überholungen der Gebläseräder waren sehr unterschiedlich und hingen vor allem von der Zugart und von der Anstrengung der Lok ab. Sie lagen um etwa 30 000 km. Zur Instandsetzung werden die Gebläseräder nach Lösen von vier Schrauben vom Wellenflansch abgehoben, die verschlissenen Schaufeln im Ausbesserungswerk von der Nabe abgebrannt, die Nabe grob abgeschliffen, neue Schaufeln angeschweißt, sodann das Rad überdreht und neu ausgewuchtet. Dank der durch die Schaufelform erzwungenen Gasführung bleiben die Radnaben — als der aufwendigste Bestandteil des Gebläserades — von Verschleiß frei.

Probefahrten und anfängliche Schwierigkeiten beim ersten Einsatz in Südafrika. Probleme und ihre Lösung

Bei den Erprobungsfahrten mit der ersten Kondenslok der Klasse 25, Betriebsnummer 3451, Henschel-Fabriknummer 28730, die Anfang Juli 1953 sofort mit einer durchgehenden Fahrt über 807 km von Kapstadt nach De Aar begannen, ergab sich eine weitere Problematik hinsichtlich der Entölung des Abdampfes. Messungen des Restölgehaltes im Speisewasser zeigten gegenüber dem angestrebten Wert von maximal 5 mg/Liter Wasser (5 ppm) häufig Spitzen bis zu 50 mg/Liter. Es gab aber auch Fahrten, bei denen solche Höchstwerte nicht auftraten. Wir konnten uns diese Erscheinung nach den bisher vorliegenden Erfahrungen nicht erklären. Dem Ölabscheider war auf dem Tender noch ein Schwammfilter für das ablaufende Kondensat nachgeschaltet, der erwartungsgemäß zu funktionieren schien. Die Untersuchung von Wasserproben zeigte, daß diese zuweilen einen hohen Anteil an emulgiertem Öl enthielten, ein Befund, der noch an keiner Kondenslokomotive festgestellt worden war. Daraufhin von uns veranlaßte Untersuchungen an der Baureihe 52 der Deutschen Bundesbahn ergaben keine Spuren von emulgiertem Öl. Emulgiertes Öl läßt sich aber mit mechanischen Mitteln nicht abscheiden.

Diese Spitzen im Ölgehalt lösten bei der SAR die verständliche Besorgnis aus, daß sich an den Kesselheizflächen wärmestauende Ablagerungen bilden könnten. Wiederholte Inspektionen ergaben allerdings, daß die Kesselheizflächen frei von Ölablagerungen blieben. Ich erinnere mich noch an einen fast dramatischen Augenblick, als während einer Besprechung beim CME in Pretoria das Untersuchungsergebnis telefonisch durchgegeben wurde, ob in den T-förmigen Tragrohren in der Feuerbüchse, auf denen die Feuerbrücke auflag und die noch nicht inspiziert worden waren, sich irgendwelche Ölrückstände gebildet hatten. Als dies von der untersuchenden Stelle in der Karroo verneint wurde, bewirkte es ein fast hörbares Aufatmen der Sitzungsteilnehmer. Da aber eine hinreichende Überwachung des Betriebes bei der großen Entfernung des Einsatzortes von den Zentralstellen der Bahn nicht gesichert schien, wurden weitere Versuche gefahren, um Licht in diese Angelegenheit zu bringen.

Die erste Lokomotive wurde daher, um den Informationsweg abzukürzen, Ende September 1953 nach Pretoria beordert und auf der Strecke von Pretoria nach Thabazimbi zur Beförderung von Eisenerzzügen eingesetzt. Sie wies übrigens weniger schroffe Steigerungswechsel als die Bahn in der Karroo. Wir nahmen hierbei unter anderem auch den Wechsel zu einer Schmierölsorte vor, die mehr den bei der Deutschen Bundesbahn verwendeten Zylinderschmierölen glich. Da die Spitzen ausblieben und recht günstige ppm-Befunde erzielt wurden, glaubten wir, wenigstens in der Ölsorte eine Teilantwort gefunden zu haben. Nach Rückkehr der Maschine in die Karroo traten die Spitzen aber wieder auf. Im Januar 1954 gelangten wir dann zu der Überzeugung, daß das gelegentliche starke Überreißen von Kesselwasser, dort „priming" genannt, die Ursache für die Entstehung von emulgierten Öl und die stochastisch auftretenden Spitzenwerte an Emulsionen im Speisewasser war. Es war schon beobachtet worden, daß ohne Änderung der Reglerstellung die Drehzahl der Tenderturbine, die ja dem Führerstand am nächsten lag, zuweilen unversehens hörbar anstieg. Bei plötzlicher Belastungssteigerung, wie sie im bergigen Gelände häufig vorkommt, und bei gleichzeitig hohem Wasserstand im Kessel, der wegen seiner großen Länge bei starkem Neigungswechsel ein Überreißen von Wasser begünstigte, konnte heftiges Priming eintreten.

Das heiße Kesselwasser wusch dann den Schmierölfilm an den Zylinderwandungen ab, wobei durch das Zusammenkommen von Druck und Temperatur bei dem stark alkalisch gehaltenen Kesselwasser ideale Bedingungen für eine Emulsionsbildung auftraten. Bei normalen Auspufflokomotiven fiel eine solche Auswirkung des Primings natürlich nie auf. Bei einigen Fahrten führten wir zur Kontrolle dieser Erkenntnis starkes Wasserüberreißen durch Hochspeisen des Kessels und schroffe Leistungserhöhung absichtlich hierbei und fanden in den auftretenden Spitzen die erwartete Bestätigung. Bei einem dieser Versuche stieg die Lüfterturbinendrehzahl durch das im Überhitzer nachverdampfende Wasser so hoch an, daß die Lüfter beschädigt wurden. Hiergegen half eine nachträglich hinter der Tenderturbine in die Abdampfleitung eingebaute Drosselscheibe.

Da sich an dieser Fahrweise nichts ändern ließ, blieb nur übrig, den gelegentlichen starken Anfall von emulsionsbeladenem Wasser vor Eintritt in den Kondensator auszuscheiden. Nach einem schon im Januar 1954 unternommenen, aber zunächst nicht sehr wirksamen Versuch, das an der Wandzone der Abdampfleitung entlangkriechende emulsionshaltige Wasser abzufangen, konstruierte mein ab April wieder an den Versuchen teilnehmender Mitarbeiter Oberingenieur Harald Hany einen Ölwasserabscheider mit Wirbeleinbau, Vortex genannt, der zu einem vollen Erfolg führte. Dieser wurde in den seitlich unter die Feuerbüchse führenden Abschnitt der Abdampfleitung eingebaut und über einen Randschlitz durch eine $^3/_4$zöllige Öffnung ins Freie entwässert. Der dadurch bedingte Wasser- und Dampfverlust war unbedeutend.

Als Ergebnis wurde von den Bahnchemikern in Tows Rivier festgestellt, daß der Ölgehalt des zum Kessel zurückgepumpten Speisewassers nur noch bei 2 bis 3 ppm, also noch unter dem angestrebten Richtwert von 5 mg/Liter lag. Man muß bei diesem hervorragenden Resultat bedenken, daß es nicht stationär oder auf einem viel mehr Bauraum bietenden Schiff, sondern in einer Lokomotive mit all ihren oft heftigen Fahrbewegungen erreicht wurde. Die Erleichterung aller Beteiligten war natürlich groß, weil damit diese Erscheinung eindeutig und entgültig geklärt und beseitigt worden war. Der Vortex wurde sofort bei allen inzwischen in Südafrika eingetroffenen Kondenslokomotiven eingebaut.

Für den Leser ist das eine einleuchtende, einfache Erklärung und Abhilfe. Für uns Versuchsleute bedeutete diese noch unbekannte Erfahrung viel Kopfzerbrechen und Ungewißheiten, deren Diagnose und Therapie erst bei den Fahrten mit den ersten beiden Lokomotiven der Klasse 25 gelang. Ich habe nachträglich ausgerechnet, daß ich zwischen Juli 1953 und April 1954 rund 10 000 km auf der Lokomotive zugebracht habe, womit nicht nur Tagesdienst, sondern auch viel Nachtarbeit verbunden war. Die anfänglichen technischen Schwierigkeiten und der Zeitdruck durch die nachdrängende Serie verursachten bei der SAR und in Glasgow zunehmende Sorgen. Im Januar 1954 entsandten die NBL ihren Direktor Owen nach Südafrika, wo er drei Monate an den Erprobungsfahrten und den Besprechungen beim CME teilnahm. Hierbei gab es auch einige Spannungen. Die Bahn mußte ihn einmal in einer Sitzung daran erinnern, daß auch seine Firma den Kontrakt für die Kondensbauart unterschrieben hätte.

Meine geistige und körperliche Anstrengung bei diesen Arbeiten, zu denen noch viele Konferenzen und andere Verhandlungen über die Versuchsresultate hinzukamen, war so groß, daß bei meinem notwendigen Erholungsaufenthalt in Deutschland im April 1954 nur noch ein Puls von 45 und ein Blutdruck von nur 85 festgestellt wurde.

Die Zeit der Aufregungen war aber damit noch nicht vorüber: Im Lauf des Jahres 1955 trat eine neue Störung auf, nämlich ein erst seltenes, dann häufigeres Brechen von Schaufelfüßen an der Saugzugturbine. Derartiges hatten wir noch an keiner Kondenslok erlebt. Die Aufklärung war besonders schwierig, und es gab bald, wie einer der Lokomotivinspektoren äußerte, Hypothesen und Theorien zahlreich wie Schmetterlinge.

Augenscheinlich handelte es sich um ausgesprochene Ermüdungsbrüche. Was aber war die Ursache? Die Schaufeln waren, wie bei den früheren Lieferungen, mit Hammerkopf in eine ringförmige Nut im Radkranzumfang eingesetzt und an einer Stelle durch eine verstiftete Schlußschaufel in Umfangsrichtung verspannt. Die Schaufeln von 100 mm Länge waren paketweise durch ein Deckband verbunden. Man suchte die Ursache zunächst in irgendwelchen Schwingungsvorgängen, die eine Resonanz hervorrufen könnten. Lag es an den Dampfstößen, mit denen wir es ja auch bei früheren Kondenslokomotiven zu tun gehabt hatten, ohne daß etwas ähnliches passierte, oder an Schwingungen, die von der neuartigen Gebläsekonstruktion herrührten?

Zunächst wurde einmal vermutet, daß der Hals der Schaufelfüße für die auftretende Beanspruchung zu schwach sei. Es wurde deshalb beschlossen, sie zu verstärken, wozu der Kranz der Turbinenscheiben noch genügend Platz ließ. Diese Verstärkung war, wie sich anschließend herausstellte, zwar nicht die Lösung, dann aber doch eine wichtige Voraussetzung für die Abhilfe. Bei der hohen Dringlichkeit dieser Maßnahme stand ich vor der Aufgabe, von Kassel aus in kürzester Zeit die Fertigung großer Mengen neuer Schaufeln zu organisieren, während die Ausdrehung der Turbinenscheiben und der Einbau der neuen Schaufeln in der Escher Wyss-Werkstatt in Bocksburg bei Johannesburg erfolgte. Bei den Verhandlungen mit verschiedenen Turbinenfirmen wurde natürlich auch die Frage nach den Ursachen der Brüche behandelt, ohne daß dabei eine Erklärung gefunden wurde.

Kaum war die Umrüstung in Südafrika durchgeführt, als die Meldung kam, daß auch einige der verstärkten Schaufeln gebrochen waren. Die Bahn hatte inzwischen von ihrer Seite den dortigen Council of Scientific and Industrial Research eingeschaltet, und dessen Bearbeiter, Dr. R. S. Loubser, kam nach Kassel, um das Problem mit uns durchzusprechen. Wir hatten schon festgestellt, daß nie die sogenannte Schlußschaufel gebrochen war. Bei einer dieser Besprechungen machte ich daher die halb verzweifelte, halb sarkastische Bemerkung: „Dann bauen wir doch nur lauter Schlußschaufeln ein". Diese Äußerung führte uns zu der, wie sich dann durch den Erfolg zeigte, richtigen Vermutung, daß die bisherige Befestigungsart nicht genügte, um die insgesamt 107 Schaufeln des Turbinenrades in Umfangsrichtung hinreichend zu sichern.

Bei allen früheren Anwendungsfällen hatte sich diese Bauweise bewährt, sie reichte aber für die Betriebsverhältnisse in der Karroo offenbar nicht aus. In diesem bergigen Gelände kommt es nicht selten vor, daß auf ein langes Gefälle von beispielsweise 1 : 60 nach Überqueren einer Brücke über einen — meist ausgetrockneten — Fluß unmittelbar eine gleichstarke Steigung folgte. Um den Zug mit möglichst hoher Geschwindigkeit in diese Steigung zu bringen, wird schon vor der Brücke der Regler voll aufgerissen, wodurch die Dampfabgabe des Kessels schlagartig von Null auf einen Höchstwert ansteigt. Dabei werden, besonders bei hohem Wasserstand im Kessel, große Wassermengen übergerissen, die beim Durchgang durch die Saugzugturbine den Schaufelverband lockern konnten. Auch die in dieser Zeit häufig aufgetretenen Brüche von Lokzylinderdeckeln sprachen für die gleiche Ursache, für ein häufiges Wasserüberreißen.

Die Schlußschaufel, die beim Zusammenbau zuletzt angetrieben wird, ist durch zylindrische Bolzen mit je zwei Scherflächen gehalten, also dadurch besonders gut befestigt. Wir machten daraufhin einen Entwurf, bei dem alle Schaufeln durch einen in die Trennzone zwischen den Schaufelfüßen getriebenen konischen Stift von 1 : 50 gegeneinander verspannt wurden. Nach diesem Vorschlag wurden unter Mitwirkung von Herrn Hany und unter bester Unterstützung durch die Bahndienststellen alle Saugzugturbinenräder im Depot Tows Rivier verstiftet; eine Prozedur, die sich an den ursprünglichen, dünneren Schaufelfüßen nicht hätte durchführen lassen, so daß die Fußverstärkung nachträglich noch ihre Berechtigung fand. Mit dieser Maßnahme hörten die Schaufelbrüche auf. An den Tenderturbinen waren trotz vierfacher Leistung und anderthalbfacher Maximaldrehzahl Schaufelbrüche nur ganz vereinzelt vorgekommen. Das leuchtet ein, da auf dem Wege zum Tender das mitgerissene Wasser durch den Vortex und den Ölabscheider größtenteils ausgeschieden wurde.

Die eingehende Beschäftigung mit dem konventionellen Schaufelsystem dieser unterkritisch arbeitenden Aktionsturbinen brachte Herrn Hany 1956 auf die Idee, eine Reaktionsbeschaufelung zu entwickeln, die nicht mit gefrästen Schaufeln, sondern mit an den Läufer angeschweißten Blechschaufeln besetzt war, die einfach aus Siederohrstücken herausgeschnitten wurden. Statt bisher 106 oder 107 Schaufeln waren dann nur noch 37 Schaufeln je Rad vorhanden. Diese Bauweise bedeutete für Reparaturfälle eine große Verbilligung und eine Ausführung, die von der Bahnwerkstatt selbst hergestellt werden konnte. Die neue Beschaufelung erhielt den Namen „King Size Blades" und wurde von der Bahn an den Saugzug- und Tenderturbinen später stets angewandt.

Viele technische Details, aber auch manche ernste und heiteren Erlebnisse ließen sich noch erzählen. Um aber den Rahmen dieses Buches nicht zu überschreiten, möchte ich nur einige Beispiele erwähnen.

Im Oktober 1953 fuhren wir für einige Wochen Erzzüge von Thabazimbi für die Iscor Steel Works nach Pretoria. Mit den Leerzügen langten wir abends wieder am Endpunkt der Strecke in Thabazimbi an. Diese Gegend besteht aus hügeligem Bergland mit Buschbewuchs. Den mit dem Meßwagen gekuppelten Wohnwagen für das Versuchspersonal verließ man abends besser nicht, da in dieser Gegend auch Schwarze Mambas vorkommen, deren Biß ohne sofortiges Gegenmittel innerhalb weniger Minuten zum Tode führt.

45 Verladung des Kondenstenders der Klasse 20 der Südafrikanischen Bahnen 1950 in Hamburg. (Foto: Henschel)

46 Kondenslokomotive Klasse 20 der Südafrikanischen Bahnen vor der Pretoria-Werkstatt nach Zusammenbau durch die Lehrlingsabteilung. Zweiter von rechts: Henschel-Ingenieur Carl. (Foto: S. A. R.)

47 Der Verfasser vor der Kondenslokomotive Klasse 20 bei den Erprobungsfahrten in Südwestafrika, Februar 1951. (Foto: Carl)

48 Ingenieur H. Carl, Henschel und Langton Paton-Ash bei der Durchsicht der Angebotsunterlagen für die Klasse 25 der SAR 1951. (Foto: privat)

49 Besuch der SAR-Ingenieure H. J. L. Du Toit und J. H. Kirkpatrick zur Mitfahrt auf einer Kondenslokomotive Baureihe 52 beim Bw Minden (W), November 1951. Erster von links Bundesbahnrat Düring, 3. Obering. Thommen, Kirkpatrick, Du Toit vor einer Lok Baureihe 44. (Foto: Roosen)

50 Konstruktionsbesprechung bei den North Britsh Locomotive Works, Glasgow, 1952. Links Chief Engineer Alec Hood, in der Mitte der Verfasser. (Foto: NBL)

51 Besichtigung der ersten fertiggestellten Kondenslokomotive Klasse 25 der SAR auf dem Henschel-Fabrikhof. Von links: Oscar R. Henschel, Mitte Verfasser, Dir. Dr. Schäfer. Links unten, zwischen Drehgestell und Aufstieg, die Turbospeisepumpe. (Foto: Henschel)

52 Blick auf die Kondensationsanlage der Klasse 25.
(Foto: Henschel)

53 Mixed Train der SAR aus Reisezug- und Güterwagen mit erster Henschel-Kondenslokomotive der Klasse 25 im Juli 1953 in Tows Rivier, Karroo. (Foto: Roosen)

54 Die Abbildung läßt den aus dem Schornstein der Klasse 25 senkrecht nach oben vom Charejektor gesondert ausgestoßenen Strahl erkennen.
(Foto: Roosen)

55 Im Meßwagen der SAR bei den Probefahrten mit der Klasse 25: Zweiter von links der Verfasser, CME Dr. L. Douglas, Versuchsleiter Philip Marais.
(Foto: SAR)

56 Der Kondenslokomotive Klasse 25 vor Güterzug mit Meßwagen im Ausweichgleis begegnet ein Passenger Train auf der 40 km langen Steigung von 1 : 60 bei Laingsburg in der Great Karroo.
(Foto: Roosen)

57 Güterzug von 1350 t auf der Karroo-Strecke De Aar — Beaufort West mit zwei Lokomotiven Klasse 25. (Foto: SAR)

58 Passenger Train bei Three Sisters (Felsenkuppeln im Hintergrund) auf der Karroo-Strecke. (Foto: SAR)

59 Jubiläumsfahrt des „Blue Train"-Luxuszuges der SAR 1969 mit Kondenslok in Bahnhof Tows Rivier. (Foto: SAR)

60 2'D1'-Henschel-Kondenslokomotive Klasse 19 D der Rhodesian Railways vor Güterzug in Bulawayo. (Foto: Anzinger)

Eines Nachts wachte ich gegen 22 Uhr mit furchtbaren Leibschmerzen auf. Als ich schließlich hilfe- und trostsuchend Herrn Hany weckte und ihm meinen Zustand schilderte, sagte er nur: „Da muß etwas geschehen", drehte sich um und schlief sofort wieder ein. Auch er war von diesem Versuchstag völlig erschöpft, an dem wir Speisewasseruntersuchungen und Charmessungen bei glühender Sonne, meist auf dem Führerstand stehend, bei 50° C unternommen und dabei 250 km zurückgelegt hatten. Was mir eigentlich fehlte, wußte ich nicht. Der Versuchsleiter P. Marais benachrichtigte gegen 6 Uhr den Werksarzt des nahe-liegenden Eisenbergwerks, der kurz vor 7 Uhr erschien. Ich konnte ihm gerade noch, mich an der Querstange der seitlichen Mitteltür festhaltend, meinen Zustand schildern. Er rief: „Ich sehe schon, was los ist, und komme bald zurück!" Zwi-schen den Zähnen brachte ich nur noch hervor: „What does it mean — soon?"

Er war um 8 Uhr wieder da, gab mir ein Medikament und eine Morphium-spritze. Erst nachmittags wachte ich wieder auf, als unser inzwischen mit Erz beladener Zug sich Pretoria näherte — die schlimmen Schmerzen hatten auf-gehört. Ich ließ noch abends einen Arzt in unser Hotel kommen, der mir sagte, ich hätte offenbar Nierengrieß gehabt, weil ich am Tage zuvor wohl zuwenig Flüssigkeit zu mir genommen hätte. Ich sollte tüchtig Pilsener Bier trinken. Schon war ich wieder zu der scherzhaften Frage aufgelegt, ob er mir das Bier durch Rezept verordnen könne, was er natürlich lachend verneinte. Ich habe nur einen Tag ausgespannt, diesen jedoch mit Diktieren von Berichten verbracht.

Wichtiges ist häufiges Teetrinken, das in diesem Lande eine große Rolle spielt. Bei der Höhenlage sehr belebend ist der „Early Morning Tea", der im Hotel-zimmer um 6 Uhr, auf Bahnreisen oft schon um 5 Uhr serviert wird. Ich er-innere mich noch an einen besonderen Fall dieser Betreuung: Nach einer arbeits-reichen Nacht bestieg ich in Tows Rivier um 4 Uhr morgens den Passenger Train nach Kapstadt, der bei sechs Stunden Fahrzeit noch einigen Schlaf versprach. Ich heftete deshalb an meine Abteiltür einen Zettel „No tea wanted". Bald darauf wurde ich vom Servant unzeitig mit der Frage aus tiefem Schlaf ge-klopft: „Sir, do you want coffee instead?".

Von der Erprobungszeit der Klasse 25 bei der SAR wurde gern erzählt, daß ihr einige Zeit an den Versuchen teilnehmender Ingenieur Henry Dannatt, der heutige Herausgeber der Fachzeitschrift „Rail Engineering International", bei einem nächtlichen Halt auf einer einsamen, menschenleeren Überholungsstelle mitten in der Karroo die ihm bei dieser Fahrt zugefallene Wasserprobenent-nahme vornahm, ohne daß dies von den auf dem Führerstand Anwesenden recht bemerkt wurde. Das Signal ging hoch, und der Zug fuhr ab, bevor er wie-der in den Meßwagen klettern konnte, so daß er mit seinem gefüllten Eimer allein in der Karroo-Steppe zurückblieb, bis ihn ein nachfolgender Güterzug, der auf demselben Ausweichgleis zum Halten kam, mitnahm.

Aus unserer Versuchsarbeit will ich noch zwei weitere Erlebnisse erwähnen, die zeigen, daß diese Tätigkeit auch nicht ohne Gefahren für die Beteiligten ver-lief. Zur Messung der Drehzahl des Saugzuggebläses war, wenigstens für die Er-probungszeit, ein Tachometer vorgesehen, dessen Welle durch den vorderen abgeschlossenen Turbinendeckel magnetisch mitgenommen werden sollte. Dieses Tachometer war vor Absendung der ersten Lokomotive nicht mehr rechtzeitig geliefert worden. Die Versuchsfahrten machten aber eine Orientierung über die bei hoher Belastung auftretenden Drehzahlen dringend erforderlich. Bei einer Bergfahrt zwischen Laingsburg und Pietermeintjes, wo die eingleisige Strecke durch ganz enge Felseinschnitte führt, bezogen unser Ingenieur Helmut Hahn und ich unter zögernder Zustimmung des Versuchsleiters vorn auf der Lokomotive Stellung. Ich selbst hatte mich zwischen Rauchkammerwand und Windleitblech postiert, um in Sichtverbindung für Winksignale vom Führerstand zu sein, während Herr Hahn vor der Rauchkammer auf der Plattform mit einem Seil angebunden wurde, wo er auf ein von mir gegebenes Zeichen die dampfdicht durch eine Bohrung im Deckel geführte Handtachometerwelle andrücken sollte. Diese Signale wurden mir vom Führerstand zugewinkt, während ich sie an Herrn Hahn weitergab, indem ich ihn auf die Schulter trat. Er gab mir den jeweils gemessenen Wert, dessen Größenordnung uns in etwa bekannt war, durch Fingerzeichen an, worauf ich die Zahlen in Zeitfolge mit Kreide an die Rauchkammerwand anschrieb. Eine mündliche Verständigung schied durch den von der Lokomotive in diesen Felseinschnitten verursachten Lärm aus. Später hatten wir es mit dem endgültigen Instrument doch bequemer.

Ein anderer Vorfall sei vom Februar 1954 berichtet, als wir bei der ersten Fahrt mit der zweiten Kondenslokomotive einen Lagerschaden am Getriebe der Tenderturbine feststellten, der vielleicht durch nicht genügende Ausrichtung des Wellenanschlusses bei der Montage entstanden war. Dazu mußten wir nach Beaufort West eine Ersatzturbine aus dem 14 Stunden entfernten Kapstadt kommen lassen, die bevorzugt mit einem Passenger Train befördert wurde. Beim Auspacken stellten wir fest, daß sich die Welle nicht von Hand drehen ließ. Beim Öffnen des Gehäuses ergab sich, daß das Zahnradpaar dieser Ersatzturbine, offenbar durch Seewassereintritt, angerostet war. Es mußte deshalb eine zweite Turbine angefordert werden, die, um Zeit zu sparen, per Lkw über die National Road herangeholt wurde. Bei Entladen der Kiste brach der Hofkran zusammen. Um nun die Tenderturbine auswechseln zu können, wurde daraufhin der in Baufort befindliche Breakdown-Kran der Bahn angeheizt. Als dieser Kranwagen an den Tender herangerangiert wurde, berührte der Ausleger die elektrische Zuleitung zum Werk, so daß die Stromversorgung mit beträchtlichem Funkenregen ausfiel. Während all dieser Mißlichkeiten passierte nun auch noch ein Unfall: Herr Hahn glitt auf einem Ölfleck auf der Rauchkammerplattform aus und fiel in die zwischen den Gleisen befindliche Betongrube, wo er mit geschlossenen Augen liegenblieb. Das Einzige, was ich zunächst tun konnte, war, ihm eine zusammengefaltete Zeitung unter den Kopf zu schieben, bevor ein Arzt eintraf. Glücklicherweise stellte sich heraus, daß er offenbar keinen ernsthaften Schaden genommen hatte, wohl dadurch, daß er sich beim Fall etwas auf die Seite drehte. All diese Vorgänge spielten sich bei glühend heißem Wetter von 42° im Schatten ab. Einer der Bahningenieure sah in der Tageszeitung unsere Horoskope nach, wer von uns soviel Pech verdient hätte.

Diese ganzen Aufgaben waren eine richtige Männerarbeit, an der von unserer Seite ab 1954 auch noch Ingenieur Werner Sydow, der über reiche Erfahrungen im Lokomotivbetrieb verfügte, für ein Jahr in der Karroo teilnahm. Mein eigener Einsatz wechselte ständig zwischen Führerständen, Meßwagen, Abschmiergruben und Sitzungszimmern. Oft bin ich durch das enge Mannloch in den Kessel gekrochen und bei erheblichen Temperaturen auf den Heizrohren zur Feuerbüchsdecke gerobbt, um nach etwaigen Ölablagerungen zu sehen; Gottseidank fanden sich keine. Die Arbeiten waren auf den großen Bereich zwischen Transvaal, Karroo und dem Kapland verteilt, sei es durch Fahrversuche, Besprechungen mit dem CME und späteren General Manager (Technical), Mr. L. C. Grubb, dessen Nachfolger Dr. L. Douglas in Pretoria oder in den Bahnwerkstätten in Salt River bei Kapstadt. Dort konnte ich mich auch mit Herrn Carl besprechen, der mit der Montage der Klasse 25 NC und mit anderen Henschel-Lieferungen beschäftigt war und deshalb an den Arbeiten bei der Klasse 25 nur gelegentlich teilnehmen konnte.

Wie stark ich durch die großen Entfernungen unterwegs war, mag eine kleine, nachträglich aus Tagebuchnotizen zusammengestellt Liste veranschaulichen, die meinen wechselnden „Aufenthalt" an den jeweiligen, bis zu 1600 km auseinanderliegenden Brennpunkten des Geschehens und auf Versuchsfahrten für die Zeit von Anfang Januar bis Ende März 1954 erkennen läßt. Zu diesen Ortsveränderungen von 19 000 km per Bahn und 2 000 km per Luft braucht sich der Leser dann nur noch den körperlichen Streß zwischen Seehöhe und 1900 m ü. NN in den heißesten Monaten der Jahreszeit und alle geistigen und seelischen Spannungen hinzuzudenken, die mit diesen oft nächtlichen Streckenfahrten, mit Untersuchungen, Besprechungen, Verhandlungen und Aufregungen zusammenhingen.

Zweiter Aufenthalt in Südafrika zur Erprobung der Klasse 25 vom Januar bis März 1954

11.1 Anflug Johannesburg
12.1. Joh.burg, Pretoria
13.1. Joh.burg, Pretoria
14.1. Pretoria
15.1. Pretoria
16.1. Pretoria
17.1. Pretoria
18.1. Pretoria
19.1. Zug n. Kapstadt
20.1. Kapstadt
21.1. Kapstadt
22.1. Kapstadt-Tows River
23.1. Tows River-De Aar
24.1. De Aar-Tows River
25.1. Tows River
26.1. Tows River-De Aar-Beaufort West
27.1. Beaufort West-Tows River

28.1. Tows River-De Aar
29.1. De Aar-Tows River
30.1. Tows River-De Aar
31.1. De Aar-Tows River
1.2. Tows River-Beaufort West
2.2. Beaufort West-Tows River
3.2. Tows River-Kapstadt
4.2. Kapstadt
5.2. Kapstadt
6.2. Kapstadt
7.2. Kapstadt-Tows River
8.2. Tows River
9.2. Tows River-Beaufort West
10.2. Beaufort West
11.2. Beaufort West
12.2. Beaufort West-Tows River
13.2. Tows River-Kapstadt

14.2. Kapstadt-Tows River	9.3. Kapstadt
15.2. Tows River-Beaufort West	10.3. Kapstadt, Flug Joh.burg
16.2. Beaufort West-De Aar	11.3. Joh.burg
17.2. De Aar-Tows River	12.3. Pretoria
18.2. Tows River-Joh.burg	13.3. Joh.burg
19.2. Pretoria	14.3. Flug n. Kapstadt
20.2. Pretoria	15.3. Kapstadt-TR-Koup-TR
21.2. Pretoria	16.3. Tows River
22.2. Joh.burg	17.3. Laingsburg-Kapstadt
23.2. Flug n. Kapstadt	18.3. Kapstadt
24.2. Kapstadt	19.3. Kapstadt
25.2. Kapstadt-Tows River	20.3. Kapstadt-TR
26.2. Tows River-Beaufort West u. zur.	21.3. TR-BW-TR
27.2. Tows River-Beaufort West	22.3. Tows River-BW-TR
28.2. Beaufort West-Tows River	23.3. Laingsburg-Zug
1.3. Zug Kapstadt-Joh.burg	24.3. Zug Joh.burg
2.3. Pretoria	25.3. Pretoria
3.3. Joh.burg, Pretoria	26.3. Pretoria
4.3. Pretoria, Joh.burg	27.3. Pretoria, Joh.burg
5.3. Pretoria, Joh.burg	28.3. Joh.burg
6.3. Pretoria, Joh.burg-Zug	29.3. Joh.burg, Pretoria
7.3. Zug Karroo	30.3. Pretoria
8.3. Kapstadt	31.3. Pretoria-Joh.burg

An Hauptknoten der Karroostrecke übernachteten wir, um sofort wieder einsatzbereit zu sein, in dem mit unserem Meßwagen gekuppelten Wohnwagen, aber auch nicht gerade komfortabel und ungestört. In Tows River wurden diese Wagen nachts neben den Hauptgleisen abgestellt. Fast stündlich verließ ein schwerer Güterzug die Station. Die Auspuffschläge der anfahrenden Lokomotiven waren so laut und stark, daß der Luftdruck sich mit schweren Stößen auf den Brustkasten legte. Aber wir fanden, müde wie wir waren, genug Schlaf, um unsere Arbeitskraft wiederherzustellen. Aus einem Brief geht hervor, daß wir mit einem Güterzug einmal von Tows River nach De Aar (549 km) 27 Stunden unterwegs waren.

Wir waren durch diese Vorgänge dort so in Anspruch genommen, daß leider kaum Zeit blieb, außerhalb der Verkehrsschlagader die durch die Schönheit berühmten Gegenden der Union, wie etwa die Garden Route am Indischen Ozean oder Natal, zu besuchen, obwohl der von der Bahn zur Verfügung gestellte Freipaß 1. Klasse für alle Strecken der SAR dazu eine verlockende Chance bot. Meine Kenntnis anderer Gebiete Südafrikas, wie des Krüger Parks, Mosambiques und der Victoriafälle des Zambesi, beruhte auf meinen Reisen von 1949 und vom Frühjahr 1951. Schließlich boten mein Aufenthalt 1957 und eine Privatreise nach Südafrika 1973 noch einige ergänzende Möglichkeiten, um dieses vielseitige, von der Natur gesegnete Land zu erleben. Aus dem Transvaal verdienen die herrlichen Jakarandabäume, die im Oktober, bevor sie Blätter ansetzen, eine wunderbar gegen den tiefblauen Himmel sich abzeichnende lila Blütenkrone tragen, eine besondere Erwähnung.

Während der Versuchszeit mit der Klasse 25 der SAR kam in Rhodesien eine weitere Bauart der Henschel-Kondenslokomotive in Betrieb. Schon 1949 hatte ich zusammen mit Mr. Ash in Bulawaye Besprechungen mit dem CME der Rhodesischen Bahnen, die wir anläßlich meines Südafrika-Aufenthaltes Ende 1951 fortsetzten. Die Bahn erteilte 1952 einen Auftrag auf eine Lokomotive der in Südafrika weitverbreiteten 2′D1′-Klasse 19 D in Kondensausführung. An der Erprobung dieser 1953 gelieferten Lok nahm mein Mitarbeiter Dipl.-Ing. H. Anzinger teil. Die Maschine wurde hauptsächlich zwischen Bulawayo und der Landeshauptstadt Salisbury eingesetzt. Die Abbildung zeigt die Lok mit nachträglich angebauten Windleitblechen, die bei geschlossenem und nur wenig geöffnetem Regler einer Rauchbelästigung im Führerstand entgegenwirken sollten. Wenn auch die Lokomotve die in sie gesetzten Erwartungen hinsichtlich Wasser- und Brennstoffverbrauch erfüllt hat, so war dieser Loktyp durch sein kleines Reibungsgewicht gegenüber den auf den gleichen Strecken verkehrenden schweren Garratt-Lokomotiven benachteiligt. Auch erschien in Rhodesien die Diesellokomotive zu einer Zeit am Horizont, als die SAR aus wirtschaftlichen Erwägungen noch nicht daran dachte, zu verdieseln. Außerdem hatten die Rhodesischen Bahnen nicht gegen mit der Karroo vergleichbare Wasserschwierigkeiten zu kämpfen, so daß es bei dieser einen Lokomotive geblieben ist.

Die Erinnerung an diese südafrikanische Zeit kennt, wie aus dieser Niederschrift hervorgeht, neben sorgenvollen Zeiten und Aufgaben auch manche heitere Stunden. Die lange gemeinsame Arbeit mit den Bahndienststellen spielte sich bei hoher Einsatzbereitschaft aller Beteiligten in echter Kameradschaftlichkeit ab. Unsere Leistung fand ausgesprochene Anerkennung bis hin zum General Manager, ebenso unser sehr guter Kundendienst. Die SAR gab unserer angestrengten Arbeit stets einen festen Rückhalt und tatkräftige Unterstützung. Diese umfaßte alle Versuchseinrichtungen, die metallurgisch-chemische Abteilung, die Werkstätten und die Bahnbetriebswerke. Besonders möchte ich auch die gute Zusammenarbeit mit dem Chief Draftsman des Drawing Office, Mr. Reid, erwähnen.

1956 konnten wir uns von der Betriebsbeobachtung und laufenden Mitarbeit endgültig zurückziehen. Ich möchte hier, ohne daß, wie ich glaube, Selbstlob befürchtet werden muß, ein weiteres Zitat aus dem Diskussionsbeitrag von Mr. Arbuthnott bei meinem schon erwähnten Vortrag von 1960 anfügen, der eine Würdigung unserer Arbeit zum Ausdruck bringt. Für diesen Vortrag wurde mir damals der „Award of the Institution of Locomotive Engineers“ zuerkannt. In der Niederschrift heißt es:

Mr. R. Arbuthnott congratulated the Author not only on his excellent Paper describing the design and running experience of these unique locomotives, but also on the large personal part which he had played in the design, particularly of the condensing equipment. Mr. Arbuthnott said that he had some connection with the locomotives himself, not so much in the aspects to which the Paper was devoted, but in the not unimportant matter of negotiating the order, in arranging the collaboration and to some extent in the later developments. The Author had done much less than justice to himself in that he had made it all appear so easy.

On reflection he thought it would be realised that the whole conception of the design and development of the turbine equipment, much of which had been made by the Author's Company, was a big venture for a locomotive designer. The Author and all those associated with him were to be congratulated on evolving a locomotive of that kind with such apparent ease.

Vom Beginn des Jahres 1954 an wurde die Klasse 25 schrittweise vor immer anspruchsvolleren Zugarten eingesetzt. Den Güterzügen folgten Mixed Trains, das sind Güterzüge mit angehängten Reisezugwagen, dann Passenger Trains, der Zug zur Beförderung von Explosives für den Bergbau auf dem Witwatersrand, der Luxuszug „Blue Train" — und als letztes der Fish Train von Kapstadt nach Johannesburg, der wegen seines bei der damaligen reinen Eiskühlung gegen längere Betriebsunterbrechungen empfindlichen Ladung höchste Zuverlässigkeit der Lokomotive verlangte.

1957 hatte ich anschließend an eine Round Table Konferenz, die sich mit dem finanziellen Abschluß der in den Versuchsjahren angefallenen Arbeiten befaßte, bei der Bahn Gelegenheit, als normaler Passagier in einem durch eine Kondenslokomotive beförderten Zug durch die Karroo nach Kapstadt zu reisen. „You are really entitled to that", war der Kommentar des General Managers, Mr. D. H. C. Du Plessis. Ich erinnere mich noch gut, wie der Zug auf der so oft während der Erprobungszeit befahrenen Strecke von De Aar aus in den Abend hinausfuhr und ich als richtiger Reisender vom Speisewagen aus und beim Zubettgehen das altvertraute leise Brummen der Tenderlüfter und das etwas hellere Klingen des Saugzuggebläses nach einer an Aufregungen und manchen Sorgen reichen Zeit wie unbeteiligt anhören konnte. Eine große Aufgabe lag hinter uns, und das Gefühl der Befriedigung, aber auch des Dankes für die stets gute und positive Zusammenarbeit mit allen Stellen der SAR und für den Einsatz und die große Leistung meiner Mitarbeiter zum Gelingen des Werkes wurde dabei besonders lebendig.

Seitdem sind über zwanzig Jahre Betriebseinsatz dieser 90 Kondenslokomotiven dahingegangen. Als 1969 der „Blue Train" sein dreißigjähriges Jubiläum beging, wurde dieser international berühmte Luxuszug von Kapstadt über die 1540 km lange Strecke von Johannesburg bis Kapstadt von Dampflokomotiven befördert. Den Karroo-Abschnitt übernahmen die Kondenslokomotiven Nr. 3500 von De Aar bis Beaufort West und Nr. 3496 von Beaufort West bis Tows Rivier. Die zum Depot Beaufort West gehörende Maschine 3496 erhielt anschließend nach Pflege und Aussehen den ersten Preis eines bahninternen Wettbewerbes. Alle auf dieser langen Fahrt eingesetzten Dampflokomotiven — mit Ausnahme der beiden von NBL gelieferten 25er — wurden von Henschel geliefert (Klasse 16 E Nr. 855, Klasse 23 Nr. 2559, Klasse 25 NC Nr. 3444, Klasse 23 Nr. 2567).

1973 hatte ich anläßlich einer privaten Reise nach Südafrika durch freundliche Erlaubnis der Bahn noch einmal Gelegenheit, auf dem Führerstand einer Kondenslok vor einem Passenger Train von Kimberley drei Stunden bis Oranje River mitzufahren. Auf dieser 22stündigen Fahrt nach Kapstadt begleitete mich meine Frau im Zuge, die aus der arbeitsreichen Vergangenheit nur zu gut mit diesen Maschinen, die mich jahrelang absorbiert hatten, vertraut war. So war es für mich eine besondere Freude, daß sie nun auch einmal den Betrieb und die Landschaft erlebte, die mein Denken und Handeln jahrelang ausgefüllt hatten.

Meine Fahrt auf der Lokomotive war von Mr. Kim Ash, dem jetzigen Leiter der langjährigen Henschel-Vertretung in Südafrika, mit der Bahn arrangiert worden. Auf dem Führerstand wurde ich von einem Inspektor begleitet — alles lief wie früher, auch die alte Art der Teebereitung. Dazu wird eine Blechdose mit Drahtbügel an einer Eisenstange durch die Feuertür in die Feuerbüchse gehalten, bis das Wasser kocht, und dann in Tassen Tee aufgegossen.

In Kapstadt verbrachte ich dann einen Vormittag in den mir wohlvertrauten Bahnwerkstätten Salt River, wo ich in der Leitung und in den Shops noch viele Bekannte aus der Entwicklungszeit der Klasse 25 antraf. Nach der Rückkehr nach Johannesburg hatte ich auf Einladung meines alten Freundes Sydney H. Ash und von Kim Ash eine sehr schöne Erinnerungsparty im dortigen Country Club. Viele leitende Herren der SAR kamen, die seinerzeit an dieser Gemeinschaftsarbeit beteiligt gewesen waren. Vieles wurde hierbei auch von den reichen Erinnerungen der Versuchszeit ausgetauscht, beginnend mit den Fahrten auf der „Silent Suzie" in Südwest bis in die Jahre der Karroo.

Im Laufe der Entwicklungsgeschichte der Henschel-Kondenslokomotive ist ein großer, die unterschiedlichsten Einsatzbedingungen umfassender Erfahrungsschatz gesammelt worden, der für weitere Anwendungen bereitstand. Inzwischen hatte sich aber durch die Ausdehnung des elektrischen Betriebes und durch das Hinzukommen der Diesellokomotive ein Strukturwandel vollzogen, der gegen Ende der fünfziger Jahre dazu führte, daß in fast allen Ländern die Neubeschaffung von Dampflokomotiven aufhörte. So lieferte Henschel seinen letzten großen Auftrag auf dem Dampfgebiet mit 30 Garratts für die SAR 1957 ab.

Die neuen Traktionsformen machten den Bahnbetrieb auch in wasserarmen Ländern von der Speisewasserfrage unabhängig. Die SAR verschloß sich nicht diesem Trend. Sie hatte schon vor dem letzten Kriege den elektrischen Betrieb auf einigen steilansteigenden Küstenstrecken sowie im Vorortverkehr von Johannesburg und Kapstadt aufgenommen. Von Kapstadt ausgehend, erreichte die Elektrifizierung der Hauptstrecke Ende der fünfziger Jahre Tows Rivier und in den sechziger Jahren Beaufort West. Dadurch wurde der Einsatz der Klasse 25 im wesentlichen auf den Abschnitt Beaufort West — De Aar beschränkt. Auch die Dieseltraktion fand ihren Eingang, zunächst in Südwestafrika, wo der Beförderungsweg für die Lokomotivkohle besonders lang war.

Die Bereiche, in denen die Kondenslokomotive im Rahmen des auch heute noch sehr umfangreichen Dampfbetriebes der SAR eingesetzt werden könnte, haben keine so schwierigen Wasserverhältnisse wie die Karroo. Da die Unterhaltungskosten der Klasse 25 gegenüber ihrer Schwesterbauart 25 NC unvermeidlich höher liegen, hat die Bahn jetzt beschlossen, die Kondenslokomotiven schrittweise gelegentlich von Hauptausbesserungen in die NC-Ausführung umzubauen. Dies besagt aber nicht, daß sie die Aufgabe, für die sie beschafft worden waren, nicht erfolgreich erfüllt hätten. Die Klasse 25 hat sich als eine der besten

SAR-Lokomotiven erwiesen und in ihrem bisher zwanzigjährigen Einsatz ein sehr reales und ernstes Problem in einer Zeit kritischer Wasserverknappung in der nördlichen Kap-Provinz gelöst.

Für die an der Entwicklung Beteiligten ist es natürlich sehr bedauerlich, daß mit dem Aufhören des Dampflokomotivbaues ein so großer Erfahrungsschatz nicht weiter genutzt werden kann. Die Kondenslokomotive hat aber bei der Lösung der ihr gestellten Aufgabe zu Resultaten geführt, die nicht nur in der Erinnerung fortbestehen, sondern für den Fortschritt der Technik auch auf anderen Gebieten eine Bereicherung darstellen.

V. Entstehung und Anwendungsgebiete der Pumpenbauart Henschel-Barske

Bei der Beschreibung der Henschel-Kondenslokomotive habe ich schon darauf hingewiesen, daß die Firma eine eigene, neuartige Pumpenbauart herausgebracht hat. Da es sich hierbei um eine völlige Neuschöpfung auf dem Pumpengebiet handelte, will ich auf ihre Entwicklungsgeschichte etwas näher eingehen.

Eine Neuerung, die über den vorhandenen Stand der Technik hinausgeht, hat ihren Ursprung im allgemeinen in einer besonderen Bedarfslage. In diesem Fall entstand der Anstoß durch Schwierigkeiten, die wir beim Versuch erlebten, den von uns entwickelten Doble-Dampferzeuger mit Steinkohlenteeröl zu befeuern. Auf diesen Brennstoff versuchten wir überzugehen, als der Preis von Braunkohlenteerheizöl seit Anfang der dreißiger Jahre stark anstieg. Letzteres ließ sich noch in einem einfachen, venturirohrartigen Brenner mit der hindurchgeblasenen Verbrennungsluft zerstäuben.

Steinkohlenteeröl verlangte dagegen nach seiner Beschaffenheit eine Zerstäubung unter Druck. Zunächst begannen wir mit Zahnradpumpen, die aber infolge von Festteilchen und Ausscheidungen im Brennstoff häufig zum Fressen neigten. Mein Mitarbeiter Dr.-Ing. Ulrich Barske, vorher bei der Hanomag und bei Krukkenberg tätig, machte angesichts dieser Schwierigkeiten den Vorschlag, die Förderaufgabe mit einer Kreiselpumpe zu lösen. Ich äußerte zunächst Bedenken, ob sich bei den kleinen Flüssigkeitsmengen und den erforderlichen Drücken eine brauchbare Form finden ließe.

Dr. Barske schwebte jedoch nicht die konventionelle Bauweise, sondern eine Staurohrpumpe vor, die den Brennstoff aus einem rotierenden Gehäuse über einen feststehenden, pitotrohrförmigen Arm entnimmt. Nachdem Untersuchungen und Berechnungen ergaben, daß die auftretenden Reibungsverluste sich in durchaus annehmbaren Grenzen hielten und mit dieser Konzeption eine sehr hohe Druckziffer erreichbar sein würde, ließ ich sofort mit den technischen Mitteln unserer Versuchsabteilung ein Probestück anfertigen, welche die Prognose voll bestätigte.

Aus dieser Erstausführung entstand dann eine sehr erfolgreiche Pumpenentwicklung, die sich auf zahlreichen Anwendungsgebieten, die schwierige Förderaufgaben stellten, hervorragend bewährt hat. Ohne dem weiteren Bericht vorgreifen zu wollen, sei hier schon erwähnt, daß Pumpen der Henschelbauart heute in den interplanetarischen Flugkörpern für die Mars- und Venusforschung verwendet werden.

Im Laufe unserer Entwicklungsarbeit entstanden nach demselben Grundgedanken verschiedene Bauweisen, die wir in alphabetischer Ordnung bezeichneten. Die Pitotbauart erhielt den Buchstaben A. In ihrem umlaufenden Gehäuse wird die Flüssigkeit durch Mitnahmerippen beschleunigt und auf einen der Umfangsgeschwindigkeit entsprechenden Fliehkraftdruck gebracht. An der Öffnung des stillstehenden Entnahmearms verdoppelt sich dieser Druck durch Stauwirkung, Die A-Pumpe erreicht dadurch praktisch die Druckziffer 2. Sie weist weder einen Axialschub noch Spaltverluste auf und benötigt nur eine einfach durchzubildende Wellendichtung in der druckfreien Zulaufzone.

Wir bauten zunächst eine Anzahl als Brennstoffpumpen für einige Hochdruckkessel, bei denen eine Brennstoffmenge von etwa 200 kg/h bei 10 bis 12 atü zu zerstäuben war. Wesentlich höhere Drücke und entsprechend hohe Umfangsgeschwindigkeiten bedingten jedoch schwere Gehäuse. Auch wurden für große Fördermengen der Entnahmearm entsprechend dicker und die Reibungsverluste höher.

Dr. Barske schlug deshalb vor, für bestimmte Förderaufgaben die Funktion der Hauptteile umzukehren, also ein stillstehendes Gehäuse zu verwenden, in dem die Flüssigkeit durch einen rotierenden Mitnehmer aus unprofilierten, sternförmig angeordneten Armen beschleunigt und so auf Druck gebracht wird. Die Umfangsgeschwindigkeit der Flüssigkeit wird dann durch Diffusoröffnungen im Gehäusemantel, deren Anzahl je nach Fördermenge gewählt wird, ebenfalls in Druck umgesetzt. Dieser zusätzliche Druckanteil war naturgemäß nicht so hoch wie bei einer Pitotöffnung, jedoch wurde auch bei dieser Bauweise eine Druckziffer von etwa 1,5 erreicht, die also beträchtlich höher liegt, als bei einer einstufigen Kreiselpumpe konventioneller Bauart.

Auch diese als B-Pumpe bezeichnete Ausführung arbeitet ohne Axialschub. Der „Läufer" hat gegenüber dem Gehäuse beiderseits ein Spiel von einigen Zehntel Millimetern, so daß die Pumpe gegen Verschmutzungen und Temperaturwechsel unempfindlich ist. Auch die Wellendichtung wurde verschleißfrei ausgebildet. Hierzu ist auf der Welle ein kleines, dem Zulaufdruck entgegenwirkendes Scheibchen mit Mitnahmenuten aufgesetzt, das einen ausreichenden Gegendruck aufbaut. Damit auch bei Stillstand keine Flüssigkeit austreten kann, ist in einer fest auf der Welle sitzenden, im Betrieb umlaufenden Hülse eine Gummimanschette angeordnet, deren Dichtlippe sich bei laufender Pumpe abhebt, so daß keine gleitende Berührung stattfindet. Auf diese Weise entstand eine sehr fortschrittliche Bauweise.

Da bei einem offenen Läufer wie dem der B-Pumpe die Relativgeschwindigkeit der Flüssigkeit gegenüber der Wand größer ausfällt als bei einem geschlossenen Läufer, werden, um die Reibungsleistung niedrig zu halten, kleine Durchmesser und entsprechend hohe Drehzahlen angewandt. Bei Turbinenantrieb ist dies ohne weiteres möglich, bei elektrischem Antrieb je nach Motorenart durch Zwischenschaltung eines Getriebes. Die kleinen Abmessungen kommen auch der in den meisten Anwendungsfällen verlangten äußersten Gewichtsminderung entgegen.

Diese B-Pumpe wurde bei den verschiedensten Zwecken angewandt. Außer normalen Brennstoffen wurden auch aggressive Flüssigkeiten gefördert.

Bereits 1939 war das BMW-Entwicklungswerk Spandau-Zühlsdorf an uns herangetreten, ob wir für die Einspritzanlage eines dort in Entwicklung befindlichen Strahltriebwerkes einen Vorschlag für die Einspritzpumpe machen könnten. Wir sahen gleich die B-Ausführung vor. Aus dieser Zusammenarbeit entstand eine Henschel-Pumpe für die Förderung von 3000 Liter/h Benzin, die in den Abfangjäger Messerschmitt Me 262 und in eine Aradotype eingebaut wurde. Bei einer Drehzahl von etwa 33 000 U/min und 35 PS Antriebsleistung wog diese Pumpe 3003 einschließlich des von uns ebenfalls konstruierten Planetenradgetriebes nur 4,5 kg. Ferner haben wir für die Me 262-R mit zusätzlichem Raketenantrieb eine Pumpe für HNO_3 als Sauerstoffträger und eine Pumpe für einen selbstreagierenden Treibstoff, außerdem für den Interceptor Me 163 eine Antriebsturbine von 150 PS und 23 000 U/min für die Pumpen mit obiger Treibstoffkombination entwickelt und gebaut. Die Turbinenbeschaufelung wurde hierbei nach einer von Henschel schon früher angewandten Methode in den vollen Laufradkranz mittels Fingerfräser eingearbeitet.

Der Trichterbrenner, den wir für den Doble-Dampferzeuger zur Verbrennung von Steinkohlenteeröl entwickelt hatten, gab BMW Veranlassung, uns auch zur Ausbildung der Brennkammern eines Strahltriebwerkes heranzuziehen. In diesen Brennkammern — acht in einem Ring — sollten bis zu 100 Millionen kcal/m³h bei vollständigem und gleichmäßigem Ausbrand freigesetzt werden. Hierzu errichteten wir zwischen zwei Hallen im Fabrikgelände des Henschel-Werkes Mittelfeld einen Prüfstand. Da kein Verdichter für die Verbrennungsluft vorhanden war, legten wir die eigentlichen Brennversuche in die Mittagspause, wenn die gesamte Kapazität der Druckluftversorgungsanlage des Werkes zur Verfügung stand.

Die Temperaturverteilung an der Düsenmündung prüften wir zunächst durch ein hitzebeständiges Drahtnetz, das je nach der Flammenform in einzelnen Zonen unterschiedlich aufglühte. Durch Variieren der Brenntrichterform, der Düsenanlage sowie der Erst- und Zweitluftführung gelangten wir zum Ziel. Die Geräuschentwicklung bei dieser Feuerraumbelastung war schon bei einer einzelnen Teilbrennkammer ungeheuer. Sie lag wesentlich über 130 dB und führte schnell zu Beschwerden aus den benachbarten Wohngebieten. Die Verständigung beim Brennversuch war nur dadurch möglich, daß auf eine Tafel Kreidepfeile gezeichnet wurden, um die Auf- und Abkommandos zu geben.

Auch auf dem Marinegebiet wurden wir tätig. In Kiel entwickelte damals Professor H. Walter den nach ihm benannten U-Boot-Antrieb, der eine Unterwassergeschwindigkeit von 25 Knoten ermöglichen sollte. Die Antriebsgase der Hauptturbine wurden durch Verbrennung eines Gemisches aus sehr hochprozentigem

H_2O_2, einem Treibstoff und durch Zumischung von Wasser gewonnen. Der dazu erforderliche Pumpensatz aus drei Einzelpumpen der B-Bauart für unterschiedliche Fördermenge wurde in unserer Entwicklungsabteilung konstruiert und im Werk Mittelfeld hergestellt. Der Antrieb dieses als Dreistoffpumpe bezeichneten Pumpensatzes erfolgte durch einen mit senkrechter Welle oben angeordneten AEG-Elektromotor von 75 kW über ein Verzweigungsgetriebe auf die darunter angordneten drei B-Pumpen, die je nach ihrer Förderaufgabe verschiedene Abmessungen aufwiesen. Diese bauliche Anordnung stellte einige schwierige Probleme, so die verständliche Bedingung, daß kein Schmieröl durch die Dichtungen hindurchtreten durfte. „Kein Öl" hieß hier: absolut Null. Es gelang uns, hierfür eine Ausführung der Dichtungszone der Pumpenantriebswellen zu entwickeln, die dieser Anforderung genügte.

Aus unseren Beiträgen zur Walter-Entwicklung sei noch erwähnt, daß wir für die Turbinenerprobung in Kiel, die zunächst mit Wasserdampf erfolgte, als Dampfquelle einen Satz aus drei Doble-Kesseln von je 2 t/h bauten, die in Parallelschaltung 6 t/h Hochdruckdampf von 500° C und 100 atü mit einem Nachschaltüberhitzer für 80 atü und 750° C lieferten. Auch dieses Beispiel zeigt, mit wieviel verschiedenartigen, gleichzeitig zu bewältigenden Aufgaben unsere verhältnismäßig kleine Entwicklungsgruppe, dazu unter Kriegsverhältnissen, fertigwerden mußte. Alles stand natürlich unter starkem Termindruck und mußte, obwohl wir Neuland beschritten, einwandfrei funktionieren. Das gelang durch beste Zusammenarbeit und den vollen Einsatz aller Beteiligten vom Reißbrett bis zur Werkbank, wobei mein Mitarbeiter Hany sich durch besondere konstruktive Leistungen und unerschütterliches Durchhaltevermögen bei der versuchsmäßigen Ausreifung auszeichnete. Für die Prototypen und die anschließenden Lieferungen mußten auch erst die Fertigungsvoraussetzungen geschaffen werden. Durch die Verknappung von Facharbeitern konnte dabei die eigene Firma zunächst wenig helfen. Der Lokomotiv- und Panzerbau nahm alle verfügbaren Kräfte in Anspruch. Wir liehen uns daher vorübergehend einige Facharbeiter von BMW aus, verschiedene Einzelarbeiten wurden auch bei Kleinunternehmen untergebracht. Bei der Bewältigung dieser umfangreichen und vielschichtigen Aufgaben, die zuweilen vor zeitbedingte Schwierigkeiten besonderer Art führten, wurde ich durch Dr.-Ing. Gerd Stieler von Heydekampf unterstützt, der 1942 als Betriebsführer in die Firma eintrat, als Herr Henschel den Vorsitz im Aufsichtsrat und damit die Konzernleitung übernahm.

Als mit der Verschärfung des Luftkrieges durch Bombardierung deutscher Städte auch Kassel zunehmend bedroht schien, bemühte ich mich im Sommer 1943 um eine Auslagerung meines Konstruktionsbüros und der Pumpenfertigung. Hierzu suchten wir die nähere und fernere Umgebung von Kassel nach Möglichkeiten ab. Dabei wurde ich von meinem getreuen, unvergessenen persönlichen Assistenten, Ingenieur Paul Heins, der als gelernter Feinmechaniker über gute Werkstatterfahrungen verfügte, aufs Beste unterstützt. Schließlich fanden wir in der Schmirgelfabrik Awuco in Hannoversch-Münden, um deren Belegung auch schon von anderer Seite Verhandlungen im Gange waren, ein räumlich passendes und im Hinblick auf die Aufstellung von Werkzeugmaschinen auch baulich geeignetes Objekt. Dort ließ sich außer unserer Pumpengruppe auch die Abteilung Thommen, welche die Kriegskondenslokomotive bearbeitete, in vorhandenen Holzbaracken unterbringen. Als wir im Herbst 1943 gerade mitten im Umzug waren, traf die Stadt Kassel am 22. Oktober der verheerende Nachtangriff der Royal Air Force. Dieser Angriff richtete sich ausgesprochen gegen die Wohnviertel der Zivilbevölkerung, wobei in dieser einzigen Nacht fast drei Viertel der Stadt im Feuersturm untergingen und etwa zehntausend Menschen umkamen. Die ausgedehnten Henschel-Anlagen blieben dabei praktisch unberührt.

Bei diesem Angriff, den ich in vollem Ausmaß miterlebte, wurden auch die Telefonverbindungen weitgehend zerstört. Der in Kassel etablierte Panzerausschuß mußte, da mit weiteren Angriffen gerechnet wurde, verlagert werden. Als einzige sofort greifbare Ausweichstelle lag die Awuco in passender Reichweite. Ich mußte deshalb diese Gebäude mit Ausnahme der Baracken sofort wieder räumen und erhielt als Ersatz nach einigem Suchen die Textilfabrik Rohde in Eschwege zugewiesen, die bis dahin Unterwäsche fabriziert hatte. Die Ausräumung der gesamten Textilmaschinen und die Einrichtung auf die Pumpenfertigung gelang durch äußerste Anstrengungen noch vor Jahresende 1943. Hier waren auch neue Prüfstände zu errichten und der Maschinenpark zu ergänzen.

Durch die Verbindung mit BMW hatte ich schon einige Zeit zuvor erfahren, daß das Präwema-Werk in Spandau, das Präzisionswerkzeugmaschinen herstellte, zunehmend von Luftangriffen bedroht und schon wiederholt getroffen worden war. Ich arrangierte mit den Rüstungsbehörden die sofortige Umsiedlung dieser Firma und ihrer wichtigsten Arbeitskräfte nach Eschwege, wo sie sich hauptsächlich mit der Pumpenherstellung befassen sollte. Hierdurch wurde gleichzeitig die schon dringend notwendig gewordene Verstärkung unserer Fertigungskapazität gewonnen. Der Inhaber der Präwema, Dr. Scholtz, war uns bei dieser Verlegung in jeder Weise behilflich und siedelte selbst nach Eschwege um. An diesem Fall erlebte ich, welche Menge an Verhandlungen, Transportaufgaben und auch Probleme der Unterkunftsbeschaffung mit einer solchen Maßnahme verbunden waren. Heute denkt man nicht mehr so sehr an die schwierigen Begleitumstände, die vielen durchreisten Nächte, die Autofahrten mit fast völlig abgeblendeten Scheinwerfern durch die Winterabende und total verdunkelten Ortschaften und Städte. Diese drängenden Aufgaben wirkten sich gegenüber all dem Grauen des Krieges wie eine Art seelischer Schutz aus, den man brauchte, um diese Anforderungen physisch und psychisch zu bestehen.

Die Fertigung der B-Pumpen für die verschiedenen Anwendungsgebiete erfolgte bis Ende 1944 zum Teil auch noch in Kassel. Sie wurde schrittweise verstärkt, um dem Auftragsvolumen gerecht zu werden, das allein für die Strahltriebwerke im letzten Kriegswinter 10 500 Pumpen erreichte. Ausgeliefert wurden bis Kriegsende jedoch nur etwa zweitausend Stück.

In Eschwege befaßten wir uns auch mit der Weiterentwicklung der Dreistoff-Pumpen für die nächste Serie der Walter-U-Bote Typ 26, Baujahr 1944/45. Die

112

ersten Exemplare dieser Lieferung konnten Anfang März allerdings nur noch an eine ausgelagerte Dienststelle der Marine in Lauterberg im Harz gebracht werden. Dann hörte man bald auch schon in Eschwege den Kanonendonner der von Westen heranrückenden Front. Karfreitag 1945 haben wir vor dem Einrücken der Amerikaner die Zeichnungen und Versuchsprotokolle der Walterpumpen im Kesselhaus verbrannt. Diese Antriebsart für U-Boote wurde in England später auf der Grundlage anderweitig vorgefundener Unterlagen und mit deutschen Experten weiterverfolgt.

Der große Umfang der zu bewältigenden Arbeiten machte die Personallage zunehmend schwieriger. Insbesondere ging es darum, hochqualifizierte Kräfte für die Prüfstände zu finden. Es gelang mir schließlich, einige Ingenieure über die sogenannte Aktion Osenberg zu gewinnen. Professor Osenberg hatte, wohl als einzige Stelle im Reich, den Verbleib der zur Wehrmacht eingezogenen Hochschulabsolventen katalogisiert, so daß es ihm von seinem Wohnsitz im Südharz aus möglich war, uns fünf junge Diplom-Ingenieure mit bestem Hochschulabschluß zu benennen, die von der Front zurückgeholt wurden.

Durch die gleichzeitige Steuerung meiner auf Kassel, Hann.-Münden und Eschwege verstreuten Abteilungen war ich natürlich viel unterwegs. Hierzu hatte das Rüstungskommando in Kassel mir auf Antrag der Firma die Benutzung meines bei Kriegsbeginn stillgelegten Opel-Olympia gestattet. Als im September 1944 die Tagesangriffe der Amerikanischen Luftwaffe auf unser Werk Mittelfeld begannen, erhielten wir sogar die Weisung, bei Alarmbeginn unsere Wagen aus der Fabrik in die Umgebung zu fahren, um sie vor Zerstörung zu bewahren. So habe ich den einen oder anderen Angriff auf das Werk aus der Nähe beobachten zu können. Bei Abzug der Flugzeuge eilten wir zurück, um zu sehen, was von unseren Fertigungshallen und Versuchsanlagen noch stand. Einmal sagte mir ein Mitglied der Marine-Abnahmekommission: „Würden Sie mit uns nicht einige Meter weiter weggehen. Sehen Sie nicht, daß vor uns ein schwerer Blindgänger im Pflaster steckt?"

Diese umfangreichen Aufgaben führten mich und einige Mitarbeiter auch oft nach Berlin, dessen schrittweise Zerstörung wir in Luftschutzkellern miterleben mußten. Trotz aller Luftgefahren in Stadt und Eisenbahn sind wir aber gut davongekommen. Die letzte, etwas dramatische Reise nach Berlin habe ich noch in lebendiger Erinnerung. 1944 war eine Vereinbarung zwischen der Deutschen Reichsregierung und der Kaiserlichen Japanischen Regierung über den Austausch von Nachbaurechten und Rohstoffen getroffen worden. Hierbei kam auch ein Vertrag mit der Firma Henschel & Sohn zustande, der unsere Pumpenentwicklungen betraf. Zur Erfüllung gehörte außer Musterstücken auch die Aushändigung technischer Unterlagen, von denen im Februar 1945 noch einige Pumpenteile in der Japanischen Botschaft in Berlin abzuliefern waren.

Am 12. Februar 1945 machte ich mich zusammen mit Herrn Hany auf den Weg, wobei wir wegen der mitzunehmenden Geräteteile meinen Wagen benutzten. In Halle (Saale) mußten wir feststellen, daß die Zylinderkopfdichtung des Motors undicht geworden war. Wir setzten deshalb die Weiterreise im Zug fort und schleppten in Berlin unsere schwere Last durch die dunklen, mit Brandgeruch erfüllten zerbombten Straßen an den Bestimmungsort. Die Nacht vom 13. zum 14. Februar verbrachten wir im Luftschutzkeller und hörten die Radiomeldung vom Anflug der Bomberströme auf Dresden. Die Rückreise wurde schwierig. Es gelang uns wie durch ein Wunder, auf dem abendlichen Anhalter Bahnhof, in eine große Menschenmenge eingepfercht, dadurch in den hingeschobenen Zug zu gelangen, daß wir gerade vor einer Wagentür standen. Im dichtgedrängten Seitengang ließen wir bei Stockdunkelheit eine Flasche Reisschnaps kreisen, die uns in der japanischen Botschaft geschenkt worden war.

In Halle übernachteten wir in einem Gartenhaus bei Bekannten und holten frühmorgens im Reichsbahnausbesserungswerk unseren Wagen wieder ab. Es war leider nicht gelungen, eine neue Zylinderkopfdichtung aufzutreiben. Wir entschlossen uns daher zu dem Versuch, mit abgesenktem Kühlwasserstand zu fahren. Herr Hany mußte den einmal gestarteten Motor dauernd am Laufen halten. Sobald dieser schwerer ging, lief ich mit einer Wasserkanne in irgendwelche Häuser und füllte nach. So fuhren wir mit einer Dampffahne bei ständigem Vollalarm über Nordhausen ohne Aufenthalt bis nach Eschwege, eine Straße, die hinter Leinefelde noch über starke, nur im ersten Gang zu bewältigende Steigungen führt.

Die im Rahmen dieses Vertrages von uns über die Reichsgruppe Industrie ausgehandelte Vergütung von einigen Millionen Reichsmark gelangte im März durch die Initiative von Dr. Constantin Heffter, den damaligen Repräsentanten der Firma Henschel in Berlin, mit Pkw nach Warnemünde, von wo sie an die Deutsche Bank in Hamburg überwiesen wurde. Als ich im Juni 1945 mit einem amerikanischen Heereslastwagen, der für Heranholung von Material eingesetzt wurde, nach Hamburg kam, um mich zu vergewissern, ob meine Eltern noch am Leben waren, fragte mich unser dortiger Vertreter, Direktor A. Sack, woher die großen Beträge kämen, auf die ihn die Bank gerade angesprochen hatte. Hier konnte es sich nur um die Japangelder handeln. Ich brachte diese wichtige Kunde nach Kassel, wo in den ersten Nachkriegswochen diese Gelder für die Wiederingangsetzung des Werkes in der äußerst schwierigen Situation eine hochwillkommene Rolle spielten. Diese Auswirkung unserer Entwicklungsarbeit konnte mich und meine Mitarbeiter natürlich mit Genugtuung erfüllen.

Am Gründonnerstag brachte ich noch die Lohnzahlung für die Präwemaleute nach Eschwege, wobei ein Posten mich aus dem inzwischen angeblich zur Festung erklärten Kassel nicht herauslassen wollte. Mein letzter Versuch, zu den Mitarbeitern nach Eschwege zu stoßen, endete in einer regnerischen Nacht auf amerikanischen Panzerspuren. Ich mußte umkehren und gelangte unter Zurücklassung meines Autos für Wehrmachtszwecke bei der Awuco in Hannoversch-Münden, nur noch zu Fuß unter dem von Bränden erleuchteten Himmel, zu meiner in dem Dorfe Gieselwerder an der Weser untergebrachten Familie. Hier wurde ich noch vom Volkssturm erfaßt, um Panzerfäuste aus einem auf der Straße nach Karlshafen umgekippten Lastwagen auszuladen, während die Amerikaner, wie sich herausstellte, schon in den nahen Waldungen saßen.

114

Mit Kriegsende kam diese Pumpenarbeit zum Stillstand. Es wurden jedoch bereits 1945 einige Studien, die gegen Ende des Krieges ruhen mußten, wieder aufgenommen, die zu einer weiteren Verbesserung des Wirkungsgrades beitragen sollten. Hierbei handelte es sich um die von uns mit C bezeichnete Bauweise, bei der wir zwischen Gehäuse und Läufer einen mitlaufenden Mantel vorsahen, der die Relativgeschwindigkeit gegenüber der Gehäusewand verringerte und dadurch die Reibungsverluste abbaute. Diese Bauart kam jedoch in Kassel nicht mehr zur Ausführung. Sie wurde von Dr. Barske, der 1947 nach England ging, dort weiterverfolgt.

Für den Eigenbedarf der Firma entwickelten wir als erste neue Aufgabe auf dem Pumpengebiet eine B-Pumpe für die Förderung von P 3-Lösung, die in großem Maße bei der Reinigung von Reichsbahn-Lokomotiven benötigt wurde, mit deren Reparatur sich das Henschelwerk nach dem Krieg, während durch Kontrollratsgesetz der Neubau von Lokomotiven noch verboten war, als PAW (Privatausbesserungswerk) zu beschäftigen hatte.

Wir fanden jedoch ein neues, dankbares Anwendungsgebiet durch die Konstruktion von Turbospeisepumpen für Lokomotiven, für die wir schon Anfang 1945 mit Vorentwürfen begonnen hatten. Die Kriegslokomotive der Baureihe 52 war ohne Speisewasservorwärmer geliefert worden. Hier bestand also fraglos ein Nachholbedarf. Reichsbahndirektor Witte stellte bei Wiederaufnahme der lokomotivtechnischen Arbeiten die Aufgabe, hierfür einen Mischvorwärmer vorzusehen. Auf diese Entwicklung werde ich noch zurückkommen; an dieser Stelle will ich jedoch bereits auf die von uns 1946/47 entwickelte Henschel-Pumpe der B-Bauart eingehen, um unsere Pumpenarbeit geschlossen darzustellen.

Die neu zu entwickelnde Type mußte in der Lage sein, nahezu kochendes Wasser zu fördern. Die mit diesen Pumpen gesammelten Erfahrungen ermöglichen uns, für die 1949 den Südafrikanischen Bahnen angebotene Kondensausrüstung der Klasse 20 der SAR gleich unsere Speisepumpenbauart vorzuschlagen. Ihre Bewährung zog dann auch die Anwendung bei dem Nachfolgeauftrag auf 90 Kondenslokomotiven der Klasse 25 der SAR nach sich.

Über die Entwicklung der Lokomotivspeisepumpen hinaus ist es nach dem Kriege zu keiner größeren Pumpenfertigung mehr gekommen. An Anfragen für besondere Anwendungsfälle fehlte es nicht. Es fanden sich jedoch keine Bedarfsfälle mit einer Stückzahl, die den jeweils erforderlichen Konstruktions- und Versuchsaufwand gelohnt hätten. Ende der fünfziger Jahre erhielten wir aber noch einen Auftrag aus den USA, für den wir eine hochtourige B-Pumpe mit Planetenradgetriebe entwickelten. Sie war für die Förderung von verflüssigten Gasen wie Fluor, Wasserstoff und auch N_2O_4 bestimmt. In Kassel konnten wir diese Pumpe natürlich nur mit Wasser prüfen. Sie erzielte bei einer Drehzahl von 50 000 U/min und einem Förderstrom von 3 bis 4 Liter pro Sekunde einen Druck von 150 atü und einen Wirkungsgrad von 65 Prozent. Diese Henschel-Bauart mit ihrer sehr guten Saugcharakteristik ist in den amerikanischen interplanetaren Flugkörpern verwendet worden, die in Venus- und Marsnähe in den Weltraum geschickt wurden. Auch sonst sind solche Henschel-Pumpen in den

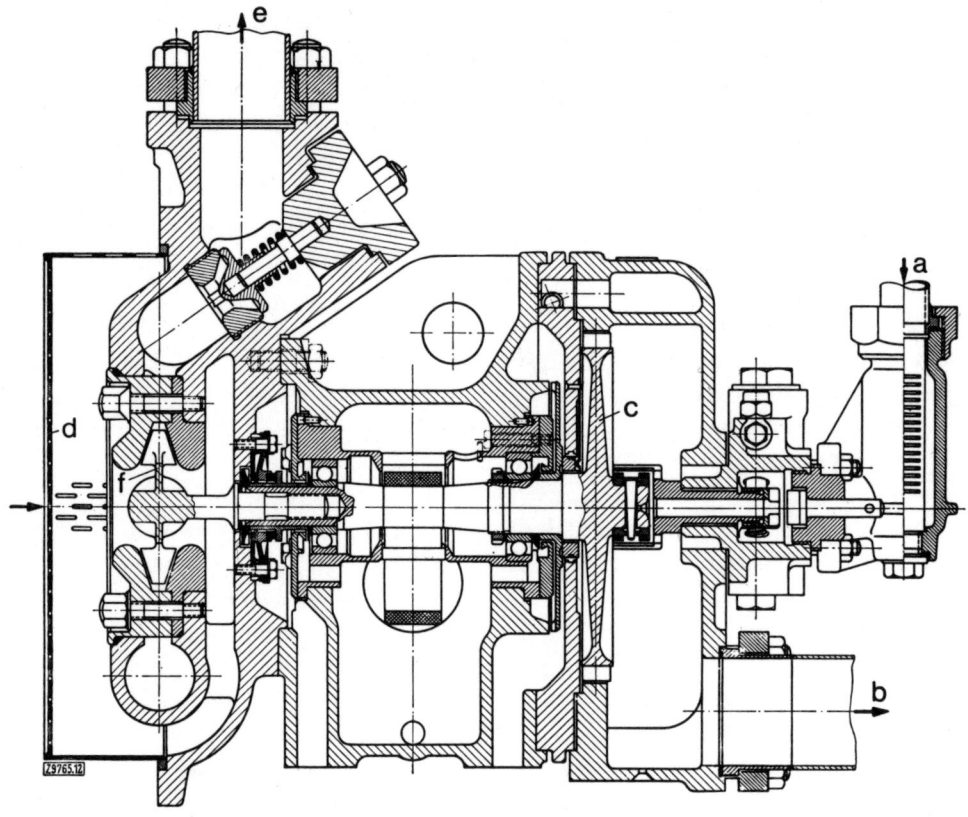

Doppelflutige, einstufige Zentrifugalpumpe der Bauart B mit Turbinenantrieb für Heißwasser mit kleinem Zulaufdruck. Diese Henschel-Barske-Pumpe wurde unmittelbar an den Wasserbehälter der Kondenslokomotiven für SAR angeflanscht und fördert 24 t/h gegen 16 atü Kesseldruck. Es bedeuten: a = Dampfeintritt, b = Dampfaustritt, c = Turbinenläufer, d = Wassereintritt, e = Wasseraustritt, f = Pumpenläufer.

USA später zu Tausenden für andere Anwendungszwecke gebaut wurden. — Wir haben in diesem Beispiel einen langen Entwicklungsweg vor Augen, der bei Arbeiten für Hochdruckanlagen von Straßen- und Schienenfahrzeugen begann und dann mit neuen Lösungen für andere Zielsetzungen zu beträchtlichen Erfolgen geführt hat.

Es ist verwunderlich, daß die Henschel-Barske-Pumpe, wenn sie auch nur ein beschränktes Anwendungsgebiet hat, im Fachschrifttum keine Beachtung gefunden hat. Für ihr Bekanntwerden sorgten wir zwar durch eigene Veröffentlichungen, in den namhaften deutschen Fachbüchern über Pumpen wird sie jedoch seltsamerweise nicht einmal erwähnt.

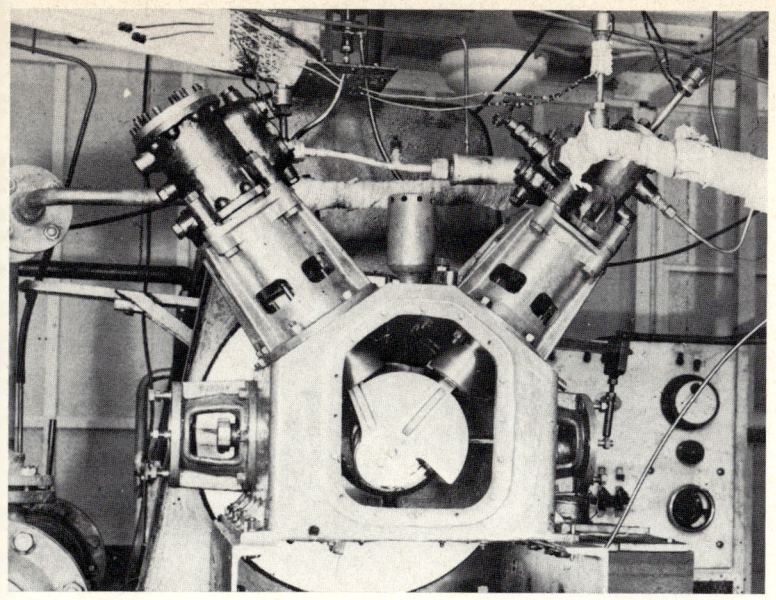

61   2-Zylinder-V-
Dampfmaschine für
Gebläse- und Speise-
pumpenantrieb von
Hochdruckdampf-
erzeugern.
(Foto: Henschel)

62   Dr.-Ing. U. Barske
und der Verfasser am
Reißbrett vor der Zu-
sammenstellungszeich-
nung der V-Dampf-
maschine für die Loko-
motive 19 1001 der
Deutschen Reichsbahn
mit Henschel-Einzel-
achsantrieb.
(Foto: Büro)

63   Lokomotive
19 1001 auf erster
Streckenfahrt nach
Hann.-Münden 1940.
Maschinenabstützung
nunmehr durch horizon-
tale Stange. Bei dieser
Fahrt war nur eine Ma-
schine angebaut.
(Foto: Henschel)

64   Obering. Hany und
der Verfasser bei der
Inspektion der Antriebs-
maschine von Treib-
achse 2.   (Foto: Büro)

65 Ausfahrt der Lok
19 1001 aus dem
Henschelwerk durch die
Wolfshagerstraße zur
ersten Strecken-
probefahrt.
(Foto: Henschel)

66 Lokomotive
19 1001 auf dem Kas-
seler Rangierbahnhof.
(Foto: Henschel)

67 Lokomotive
19 1001 verläßt das
Werk zu der ersten
Streckenfahrt mit allen
vier Dampfmaschinen.
(Foto: Henschel)

68 Lokomotive 19 1001 auf einer Erprobungsfahrt nach Treysa.
(Foto: Kreutzer)

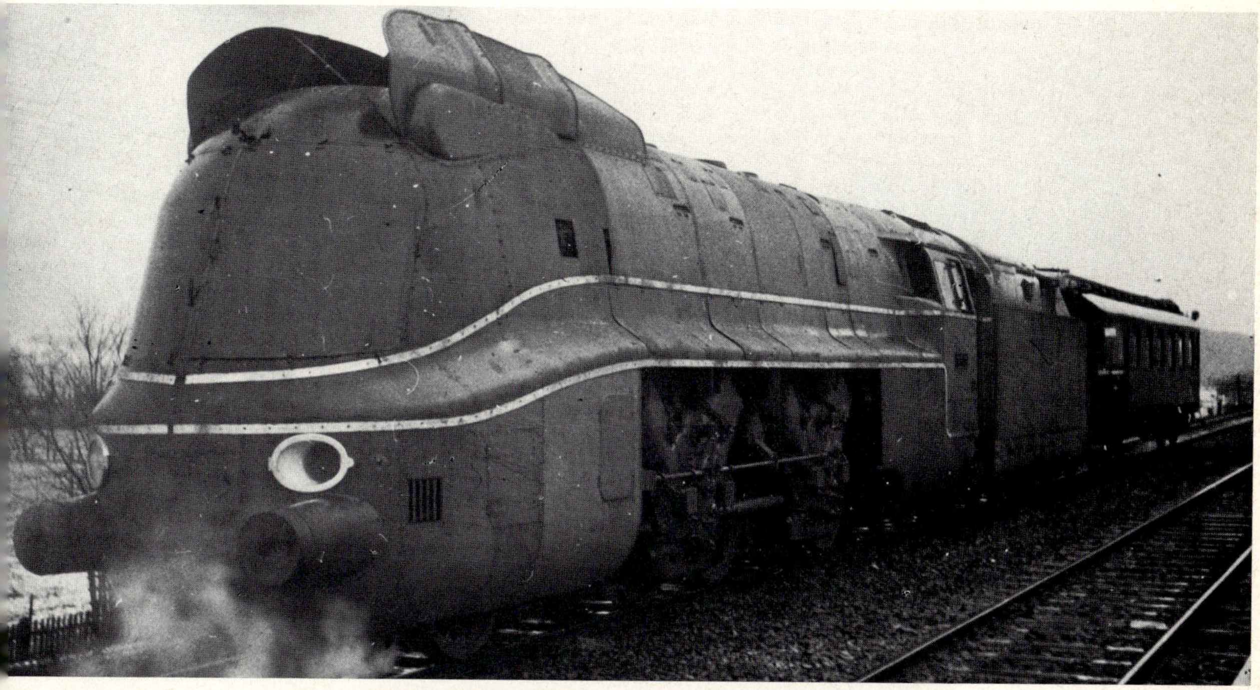

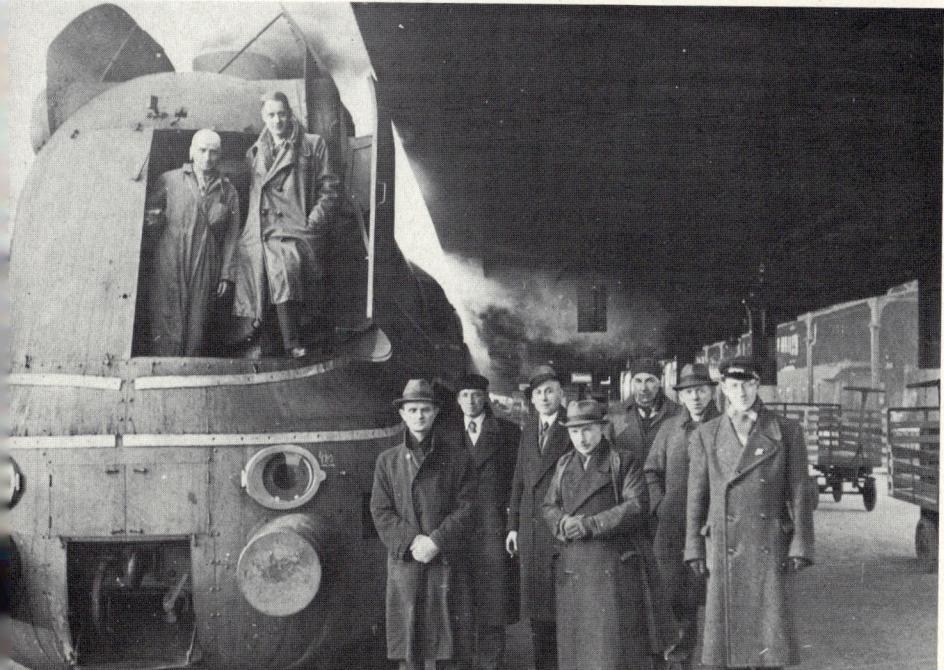

69 Lokomotive 19 1001 auf Probefahrt zur piezoelektrischen Indizierung der Zylinder an Maschine Achse 1 vor der Abfahrt im Hauptbahnhof Kassel. In der Rauchkammertür Obering. Mischke und Ing. Rüggeberg. Auf dem Bahnsteig von links: Dr.-Ing. Barske, Verfasser, Obering. Riedel, Dipl.-Ing. Götte, Obering. Hany, Dipl.-Ing. Piehler.
(Foto: Kreutzer)

70 In der Rauch-
kammertür Ing. Rügge-
berg und Obering.
Mischke, auf der Leite.
der Verfasser.
(Foto: Kreutzer

71 Bei Probefahrten
auf dem Hauptbahnho
Kassel. Von links:
Obering. Heise, Dir.
Böhmig, Verfasser, Dir.
von Gontard, Obering.
Riedel, Dr.-Ing. Hinz,
Ing. Rüggeberg, Be-
triebsdirektor Böhm.
(Foto: Henschel

VI. Die Lokomotive 19 1001 der Deutschen Reichsbahn mit Einzelachsantrieb, Henschel-Fabriknummer 25 000

Die aufsehenerregenden Ergebnisse mit dem „Fliegenden Hamburger" und den Kruckenberg-Triebwagen Anfang der dreißiger Jahre gaben auch dem Dampflokomotivbau einen neuen Impuls, Maschinen für den angestrebten Schnellverkehr zu entwickeln. Überlegungen der Firma Henschel sahen anfangs für diese Aufgabe Entwürfe triebzugartiger Natur vor, bei denen an einen Antrieb durch Hochdruckdampfanlagen nach Muster der Dampftriebwagen gedacht war. Die Bestrebungen der Reichsbahn führten dann aber zunächst zum Bau einiger Dampflokomotiven der konventionellen Bauweise, die leichte bis mittelschwere Züge mit einer Betriebsgeschwindigkeit von 160 km/h und einer Spitzengeschwindigkeit von 175 km/h befördern sollten. Henschel erhielt von der Reichsbahn einen Auftrag über eine 2'C2'-Zweizylinder-Tenderlok der Baureihe 61, die mit einem von der Waggonfabrik Wegmann in Kassel gebauten besonderen Wagenzug den „Henschel-Wegmann-Zug" bildete. Später wurde für diesen Zug noch eine zweite Lok, diesmal als Dreizylindermaschine in 2'C3'-Achsanordnung, beschafft.

Um dieselbe Zeit ließ die Reichsbahn bei den Borsig Lokomotiv-Werken in Hennigsdorf bei Berlin drei Drillingslokomotiven der Achsanordnung 2'C2' der Baureihe 05 mit Schlepptender entwickeln, deren Betriebsnummer 05 002 bekanntlich am 11. Mai 1936 auf einer Versuchsfahrt zwischen Hamburg und Berlin einen Welt-Geschwindigkeitsrekord von 200,4 km/h aufstellte.

Um die freien Massenkräfte der schwingenden Triebwerksgewichte und auch die Kolbengeschwindigkeit in zulässigen Grenzen zu halten, erhielten diese Lokomotiven einen Treibraddurchmesser von 2300 mm. Die Frage des Massenausgleichs und auch der Schmierung der offen laufenden Triebwerke führte zu erneuten Überlegungen, das Antriebsproblem durch gekapselte, schnellaufende Dampfmotoren zu lösen. Die Deutsche Reichsbahn forderte deshalb 1934 einige Lokomotivfabriken auf, Entwürfe für eine Schlepptenderlokomotive mit Einzelachs- oder Gruppenantrieb zu erstellen. Als Hauptdaten wurden 175 km/h Höchstgeschwindigkeit, als Schleppleistung ein Fünfwagenzug von 250 t, Achslast 17,8 t, Kesseldruck 20 atü, Gesamtachsstand 22,4 m und Stromlinienverkleidung vorgeschrieben. Auch Henschel legte verschiedene Entwürfe vor. Zu Bestellungen kam es angesichts der schwierigen Finanzlage der Reichsbahn zunächst nicht.

1937 machte Henschel dann noch einen weiteren Vorschlag. Dieser sah einen Einzelachsantrieb durch zweizylindrige V-Maschinen vor und führte zu der Bestellung einer 1'Do1'-Schnellzuglokomotive mit Schlepptender, welche die Baureihenbezeichnung 19[10] und die Betriebsnummer 19 1001 erhielt.

Wie es zu dieser Antriebsform gekommen ist, möchte ich hier etwas näher beschreiben, da sie unmittelbar aus meiner Entwicklungstätigkeit bei der Firma hervorgegangen ist und ein Beispiel dafür darstellt, wie aus der Arbeit unter an sich ganz anderer Aufgabenstellung die Lösung für eine neue Problemstellung entstehen kann. In diesem Fall kam der Anstoß aus der Weiterentwicklung des Dampftriebwagens, mit der sich meine Abteilung damals befaßte.

Bei den Hochdruckanlagen dieser Fahrzeuge wurde, wie bei den ursprünglichen Anlagen des Doble-Antriebs für Personenkraftwagen auch, das Feuerungsgebläse durch eine Abdampfturbine angetrieben. Der Steuerimpuls für das Einsetzen des Gebläses ging von einer Membran aus, die bei einsetzender Dampfentnahme und den dadurch verursachten Druckabfall im Dampferzeuger das Gebläse durch Schließen eines Bypaß-Ventils einschaltete. Da der entnommene Arbeitsdampf zunächst die verhältnismäßig lange Leitung bis zur Dampfmaschine auffüllen und erst in dieser expandieren mußte, bevor der Abdampf in der Gebläseturbine wirken konnte, entstand ein gewisses Nachhinken in der an sich sofort benötigten Energiezufuhr zum Kessel.

Bei leichten Fahrzeugen war dies belanglos, in schweren Einheiten aber doch nachteilig. Hiergegen konnte nur ein Frischdampfantrieb des Gebläses helfen. Wir bauten deshalb probehalber eine kleine zweizylindrige V-Maschine mit Verbundwirkung — mit Füllventil in der Verbinderleitung —, die gleichzeitig auch die Speisepumpe antreiben sollte.

Diese Hilfsdampfmaschine zeigte auf dem Prüfstand einen hervorragend ruhigen Lauf. Die V-Anordnung hat die gute Eigenschaft, daß bei einer Winkelstellung der Zylinder von 90° die Massenkräfte 1. Ordnung voll ausgeglichen werden können, so daß nur die geringen, von der endlichen Treibstangenlänge herrührenden Massenkräfte 2. Ordnung übrigbleiben.

Diese Beobachtung brachte mich auf den Gedanken, eine Zweizylinder-V-Maschine als Lösung für den Einzelachsantrieb von Lokomotiven, der bis dahin nicht zu meinen Aufgaben gehörte, in Betracht zu ziehen. Um eine klare Ausgangsgrundlage für einen solchen Vorschlag zu gewinnen, führte ich zusammen mit meinem Mitarbeiter Dr.-Ing. Ulrich Barske vergleichende Untersuchungen für verschiedenartige Zylinderzahlen und -gruppierungen durch, die uns in der Überzeugung bestätigten, daß eine Zweizylinder-V-Maschine den Anforderungen eines Einzelachsantriebes mit einem Minimum an Triebwerksteilen genügte und so eine optimale Lösung dieses Problems versprach. Eine solche Bauart erlaubte zudem dank ihrer geringen Kurbelwellenlänge, die Maschine außerhalb des anzutreibenden Rades anzuordnen, wodurch sich eine besonders gute Zugänglichkeit aller Teile ergab.

Im Interesse kleiner Abmessungen und eines günstigen spezifischen Dampfverbrauches war natürlich auch bei dieser Lösung eine hohe Maschinendrehzahl anzustreben. Es hätte nahegelegen, hierzu wie bei anderen bekanntgewordenen Entwürfen und Ausführungen ein Zahnradvorgelege vorzusehen. Wir wählten, um dies zu vermeiden, aber einen möglichst kleinen Raddurchmesser.

Zunächst war an 1000 bis 1100 mm gedacht, dann wurde aber, auch wegen der Unterbringung der unter dem Achslager liegenden Tragfedern, der Normdurchmesser von 1250 mm gewählt. Bei einer Spitzengeschwindigkeit von 175 km/h ergab sich dann eine Drehzahl von 750 U/min, also das Doppelte der bei konventionellen Lokomotivbauarten zugelassenen höchsten Treibraddrehzahl. Sehr vorteilhaft war die mit dem kleinen Raddurchmesser verbundene geringe unabgefederte Masse je Achse; sie betrug nur 2,4 t. Im Vergleich hierzu wogen die Treibradsätze von 2300 mm Durchmesser der oben erwähnten Schnellfahrlokomotiven mit anteiligem Stangengewicht über 5 t. Damit trat eine erhebliche Schonung des Oberbaues ein, ganz abgesehen davon, daß beim Einzelachsantrieb auch die freie senkrechte Fliehkraftwirkung der im üblichen Triebwerk erforderlichen Gegengewichte für den Teilausgleich der hin- und hergehenden Massen entfiel.

Nachdem dieser Vorschlag im Hause erörtert und gutgeheißen worden war, legte die Firma einen ersten Entwurf der Deutschen Reichsbahn vor. Zugleich zeigte die Lübeck-Büchener Eisenbahn-Gesellschaft für ihren Wendezugbetrieb mit Doppelstockwagen Interesse. Sie erteilte Henschel einen Auftrag über drei V-Dampfmaschinen, die in eine vorhandene 1'C-Lokomotive G 6 für 120 km/h eingebaut werden sollten. Die Lok wurde von der Bahn in ihrer Hauptwerkstatt in eine 1'Co2'-Tenderlok umgebaut und für den neuen Antrieb mit einer Stromlinienverkleidung versehen. Diese Dampfmaschinen wurden 1938 fertiggestellt, kamen aber infolge des damaligen Überganges der LBE an die Reichsbahn und dann durch die Kriegsverhältnisse nicht mehr zum Einbau.

Diese Erstausführung des Gedankens hat uns aber schon bei den Prüfstandsläufen zu einigen wichtigen Erkenntnissen für die Weiterentwicklung verholfen. So zeigte sich, daß das geschweißte Kurbelgehäuse ziemlich elastisch ausgefallen war. Durch den niedrigen Kesseldruck der Lok von 12 atü waren die Zylinderabmessungen auch verhältnismäßig groß ausgefallen.

Bald darauf erteilte die Deutsche Reichsbahn der Firma Henschel einen Auftrag auf eine wesentlich größere Neubaulokomotive mit diesem Antrieb. Bei dieser Lokomotive war ich selbst für das neuartige Triebwerk verantwortlich, während die eigentliche Lokomotive in Zusammenarbeit mit dem Reichsbahnzentralamt Berlin vom TB 1 (Oberingenieur Böhmig und Regierungsbaumeister a. D. Bruno Riedel) aufgegeben wurde. Die Lok wurde, um ein günstiges Reibungsgewicht zu erhalten, mit vier Antriebsachsen in 1'Do1'-Anordnung ausgebildet. Dank der kleinen Raddurchmesser blieb ihre Gesamtlänge sogar geringer als bei den 2'C2'-Schnellfahrlokomotiven. Der Kessel wurde aus dem der Baureihe 44 entwickelt. Als Baustoff diente der Molybdänstahl St 47 K, der Kesseldruck wurde auf 20 atü erhöht. Die V-Maschinen ließen sich dadurch wesentlich gedrungener ausbilden. Sie wurden zu je zwei Stück auf beiden Lokseiten gegeneinander versetzt angeordnet und mit A, B, C und D bezeichnet.

Bei ihrer Ausbildung nutzen wir die inzwischen an den LBE-Maschinen gesammelten Erfahrungen. Das Kurbelgehäuse wurde in stark versteifter Bauweise in Stahlguß ausgeführt. Die Steuerung erfolgte wiederum durch Kolbenschieber, die über ein gemeinsames Verstellexenter angetrieben wurden. Um bei der hohen Drehzahl den Dampf leicht in die Maschine hinein und wieder herauszubekommen, erhielten die Schieber einen verhältnismäßig großen Durchmesser von 180 mm bei 300 mm Zylinderdurchmesser, was sich auf den Verlauf der Leistungskurven bei hohen Geschwindigkeiten sehr günstig auswirkte.

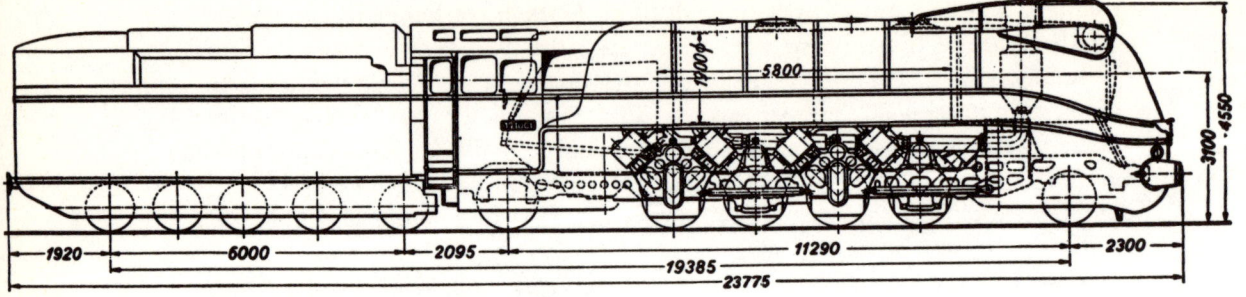

Übersicht der Dampfmotor-Einzelachslokomotive 19 1001 der Deutschen Reichsbahn. Henschel-Fabriknummer 25 000.

Erwähnenswert ist auch die Konstruktion der Kurbelwelle. Für die LBE-Maschinen war diese in einem Stück ausgebildet, wodurch ein teures und schwer hantierbares Maschinenteil entstand. Die Treibstangen mußten geteilte Köpfe und Gleitlager erhalten. Für Dampfmaschinen der Lok 19 1001 wurden die Kurbelwangen, der Treibzapfen und die Mitnehmerscheiben als Einzelstücke hergestellt und mit der bekannten Hirtverzahnung zusammengefügt, wodurch auch Kerbzonen vermieden werden. Dieser Aufbau ermöglichte eine Wälzlagerung der nunmehr einteiligen Treibstangen.

Auch die Verbindung der Maschinen mit dem Lokomotivrahmen wurde vereinfacht. Bei der Ausführung für die LBE waren am Kurbelgehäuse im Bereich der Kreuzkopfführungen Konsolflächen vorgesehen, um die Maschinen an entsprechend hochgezogenen Rahmenansätzen mit Paßschrauben zu befestigen. Bei der Lok 19 1001 wurde auf Vorschlag meines Mitarbeiters Harald Hany eine Traverse quer über die beiden Rahmenwangen gelegt, die an einem Ende einen kräftigen zylindrischen Zapfen aufwies, der von einem geteilten Auge des Kurbelgehäuses umfaßt wurde. Diese Verbindung nahm außer dem Gewicht auch das Drehmoment der Maschine auf. Die Massenkräfte 2. Ordnung wurden durch schräge Stützstangen abgefangen, die an ihrem oberen Ende an den Rahmentraversen befestigt waren. Durch diese Art der Aufhängung wurden Paßschrauben vermieden und das Anbringen oder Abnehmen der Maschinen wesentlich erleichtert.

Eine wichtige Entscheidung war über die Drehmomentübertragung zwischen Kurbelwelle und Radsatz zu treffen, die den Durchfederungsweg zwischen Achse und der am Lokrahmen befestigten Maschine aufnehmen mußte. Zunächst war beabsichtigt, hierfür den bei elektrischen Lokomotiven bestens bewährten sogenannten Federtopfantrieb nach Kleinow zu wählen. Während schon am Reißbrett an dieser Konzeption gearbeitet wurde, kam ich zu der Erkenntnis, daß sie voraussichtlich falsch sein würde: Auf dem Hauptbahnhof in Halle (Saale) stand ich in jenen Tagen zufällig neben einer anfahrenden E 18, als mir das

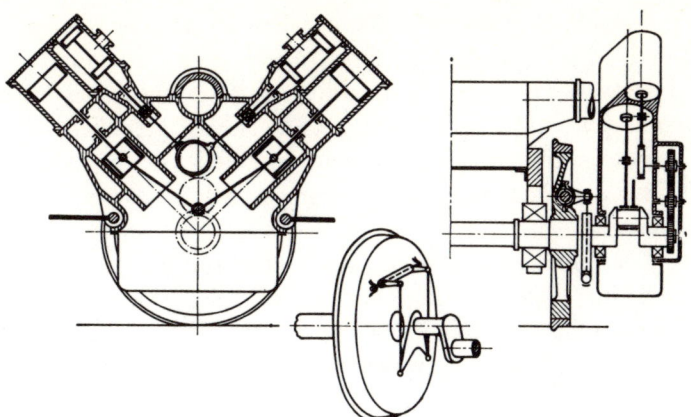

Anordnung des Dampf-
motors und Über-
tragungsmechanismus
an der Lokomotive
19 1001.

von diesem Antrieb durch das mit hoher Frequenz oszillierende Drehmoment hervorgerufene Geräusch des Federtopfsystems auffiel.

Mit zunehmender Geschwindigkeit kommt es bei einer Ellok dank des hohen Trägheitsmomentes der über Vorgelege wirkenden Antriebsmotoren zur eindeutig gleichgerichteten Anlage der Federtöpfe an den Radspeichen. Bei einem Dampfantrieb entstehen dagegen in bestimmten Betriebslagen, insbesondere bei Leerlauf, im Tangentialkraftdiagramm auch negative Flächen, so daß angesichts der kleinen rotierenden Triebwerksmasse der Dampfmaschine eine nur kraftschlüssige Drehmomentübertragung zu einem ständigen Hin- und Herschlagen der Federtöpfe zwischen ihren beiden Auflagen führen könnte. Dagegen war nur ein formschlüssiger Übertragungsmechanismus gefeit.

Schleunige Suche nach einer geeigneten Lösung führte uns auf das von den Österreichischen Siemens-Schuckert-Werken bei den elektrischen Lokomotiven der Baureihen 1570 und 1670 der Österreichischen Bundesbahnen angewandte Lenkersystem nach Pawelka. Es hatte zwar bei dieser Baureihe infolge der großen Masse der über ein Kegelradgetriebe vorgeschalteten Vertikalmotoren bei Schleudervorgängen Havarien erlitten, sich aber bei der 2'Do1'-Ellok E2151 der Deutschen Reichsbahn im Betrieb auf der Schlesischen Gebirgsbahn gut bewährt. Mit Herrn Loewentraut vom TB 11, der früher diese Lok bei Linke-Hofmann bearbeitet hatte, fuhr ich nach Schlesien: Die Durchsicht des Betriebsbuches der Lok im Bahnbetriebswerk Lauban ergab keine negativen Eintragungen. Wir übernahmen deshalb ihre Kinematik. Sie hat sich gut bewährt, wenn auch die spätere Betriebserfahrung mit der Lok 19 1001 zeigte, daß die Dichtung der fettgeschmierten Kugelköpfe noch verbessert werden mußte.

Damit möchte ich die Besprechung von konstruktiven Einzelheiten im gegebenen Rahmen abschließen. Die angeführten Beispiele sollen aber zeigen, daß für die praktische Durchführung einer ziemlich einfach aussehenden Idee doch eine Reihe grundsätzlicher Entscheidungen getroffen und Lösungswege gefunden werden müssen, die nicht einfach von vorhandenem Erfahrungsgut ausgehen können. Sie sollen dazu beitragen, einen Einblick in die Ingenieurarbeit im Konstruk-

125

tionsstadium zu vermitteln — ihre Probleme, Risiken und ihre Vielseitigkeit. Auch alle Elemente des Details waren neu zu gestalten, die Umsteuerung, die Triebwerksteile, das Schmiersystem, Dichtelemente, Passungen, Toleranzen und so weiter, alles sollte und mußte richtig getroffen, möglichst nichts übersehen werden. Ein solcher Hinweis ist vielleicht bei diesem neuen Maschinentyp nicht ganz unangebracht, wenn es sich auch „nur" um eine Dampfmaschine handelte.

Die Erprobung begann auf einem für die V-Maschinen gebauten Prüfstand mit einer von uns selbst für ihren Drehzahlbereich konstruierten Wasserbremse. Die Prüfstandsläufe überschnitten sich dann bald mit der Weitererprobung an der inzwischen fertiggestellten Lokomotive, an der die Maschinen durch Abbau des Pawelkagestänges im Stillstand der Lok bei wechselnden Drehzahlen untersucht wurden. Die Prüfstandversuche dienten neben der allgemeinen Beobachtung auch der Indizierung der Maschinen und der Messung des spezifischen Dampfverbrauches in Abhängigkeit von Füllung, Drehzahl und Belastung. Leider sind diese Aufschreibungen verlorengegangen. Der Bestwert des Dampfverbrauchs lag bei dem vom üblichen nicht abweichenden Frischdampfzustand bei 5,4 kg/PSih. Einen Anhalt für den günstigen Einfluß des großen Kolbenschieberdurchmessers gibt ein Schaubild über den Verlauf der „Alphakurven", das ich in einem Aufsatz über den Einzelachsantrieb bei Dampflokomotiven in der VDI-Zeitschrift 1943 veröffentlicht habe.

Schon auf dem Prüfstand wurden ein etwas unruhiger Lauf und ein seitliches Ausschwingen der Ölwanne beobachtet, deren Ursache wir zunächst in der Nachgiebigkeit des Prüfbocks vermuteten. Nach Anbau der ersten Dampfmaschine an die im Hof stehende Lok zeigte sich dann, daß bei höheren Drehzahlen der gesamte gefederte Lokomotivrahmen mit Kessel in vertikale Schwingungen geriet, die an der Pufferbohle eine Amplitude von 3 mm erreichten. Zunächst suchten wir die Ursache in einem nicht vollständigen Ausgleich der Massenkräfte 1. Ordnung. Alle bewegten Teile wurden deshalb nachgewogen und noch eine Korrektur am Gegengewicht — aus Platzmangel durch einen Bleiausguß — vorgenom-

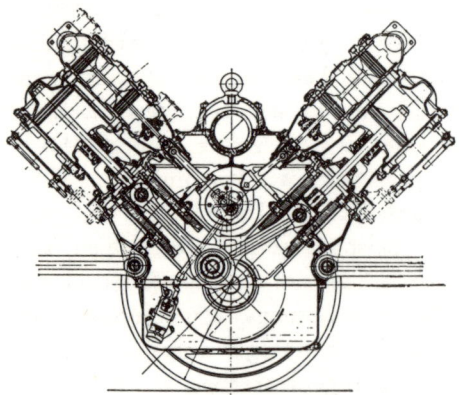

Konstruktion des V-Dampfmotors für die Lokomotive 19 1001.

men. Eine weitere Überlegung war, ob das durch die in zwei parallelen Ebenen nebeneinander an dem gemeinsamen Treibzapfen angreifenden Triebwerksmassen entstehende Moment eine Rolle spielen konnte. Auch vermuteten wir eine Auswirkung der Massenkräfte 2. Ordnung Dieser Verdacht wurde dadurch bestärkt, daß ein kleiner Elektromotor mit an seinen Wellenenden um 180° versetzt angebrachten Gewichten, denen wir auf das Maschinengehäuse setzten, bei doppelter Maschinendrehzahl — also in der Frequenz der nicht ausgeglichenen Massenkräfte 2. Ordnung der Dampfmaschine — ähnliche Schwingungsausschläge des Hauptrahmens hervorriefen. Vorübergehend wurde deshalb eine Gabelanordnung der Treibstangen in Betracht gezogen und die Reservemaschine vorsorglich entsprechend umgebaut.

Wir kamen aber schließlich zu der Erkenntnis, daß diese Störerscheinung durch die zu große Elastizität der schrägen Stangenabstützung zwischen Kurbelgehäuse und Lokrahmen hervorgerufen wurde. Infolge der Schräglage der Stangen trat durch die horizontal in der Kurbelwellenebene mit doppelter Drehzahlfrequenz schwingende Massenkraft 2. Ordnung auch eine senkrechte Komponente auf, die, verbunden mit der Elastizität der Stange, die Vertikalschwingung des auf den Blattfedern abgestützten Rahmens hervorrief. An sich war diese Massenkraft nur klein, so daß mit einer solchen Auswirkung nicht gerechnet worden war.

Die Abhilfe bestand darin, daß wir die freie Massenkraft in der Richtung, in der sie auftrat, also ausschließlich horizontal, abfingen. Hierzu wurden die beiden Dampfmaschinen jeder Lokseite durch eine sehr steife Stange, die an den Gehäuseaugen der bisherigen Abstützung angriff, sowie das Auge der jeweils vorderen Maschine mit einem kräftigen Stützbock verbunden, der sich noch gut am vorderen Rahmenende unterbringen ließ. Die senkrechten Rahmenschwingungen verschwanden damit völlig. Bei den Standläufen an der Lok wurde die Drehzahl bis auf 850 U/min entsprechend einer Fahrgeschwindigkeit von ∼ 200 km/h gesteigert, und die Laufruhe blieb einwandfrei. Dieser Erfolg ist hier als ein interessanter Fall von Diagnose und Therapie, wie sie nicht selten bei Neukonstruktionen gefunden werden müssen, näher beschrieben worden, zumal Aufklärung und Beseitigung der unerwarteten Störerscheinung für die Betriebstüchtigkeit der Lok wirklich zwingend war.

Auch sonst war bei diesen Versuchsläufen, die den Sommer 1940 in Anspruch nahmen, noch mancherlei zu verbessern und in Ordnung zu bringen. Die rings um die Lok laufende Steuerwelle zeigte viel Spiel und schweren Gang, so daß nachträglich zu ihrer Betätigung die Steuerspindel auf dem Führerstand noch einen Preßluftantrieb erhielt. Auch klemmten die im Verstellexenter ineinander zu verdrehenden Scheiben, so daß wir den zunächst seitlich angebrachten Angriffszapfen für das Schiebergestänge in eine Schlitzführung verlegen mußten. Durch diese Änderung wurde allerdings die mögliche Höchstfüllung auf 65 Prozent verringert, jedoch mit der Absicht, diese später wieder auf 85 Prozent zu bringen.

Im übrigen ereigneten sich die wohl immer bei einer Erstausführung unvermeidlichen Ausführungsmängel einer für die verschiedenen beteiligten Werkstätten noch neuen Bauart, Fragen der Kontrolle und auch kriegsbedingte Schwierigkeiten und Zeitverluste. Aus der Zeit von April 1940 bis Frühjahr 1941 sind mir noch tagebuchartige Aufzeichnungen über alle Vorkommnisse erhalten geblieben, auf die ich hier natürlich nicht eingehen kann, obwohl sie manches Lehrreiche enthalten.

Die erste Streckenfahrt mit Begleitlokomotive fand am 9. August 1940 nach Hannoversch-Münden statt, wobei zunächst nur eine Dampfmaschine angebaut war: „Verlauf einwandfrei, nur Zylinderentwässerung muß verlegt werden, da sie Staub aufwirbelt." Inzwischen wurden an den übrigen Maschinen die erforderlich gewordenen Änderungen durchgeführt; im November waren alle zum Anbau verfügbar. Mit der nun vollständig ausgerüsteten Lokomotive wurden im Winter 1940/41 einige Werkserprobungsfahrten vorgenommen, so am 5. Dezember nach Treysa, am 17. Dezember nach Kreiensen und am 28. Januar 1942 über Dransfeld nach Northeim.

Die Höchstgeschwindigkeit war streckenbedingt begrenzt, nur bei Nörten fuhren wir kurzzeitig 130 km/h. Die Laufruhe der Lok war vollkommen. Von den Massenkräften 2. Ordnung, die sich bei den lauftechnisch unabhängigen Achsen wohl nur selten addierten, war nichts zu spüren. Zum Vergleich mit den normalen Bauarten seien hier die an Zwillings- und Drillingslokomotiven durch den unausgeglichenen Anteil der hin- und hergehenden Massen auftretenden freien Massenkräfte angeführt. Bei einer vergleichbaren Zwillingslok mit 2300 mm Raddurchmesser erreicht die Zuckkraft bei 175 km/h schon 40 t, das um die senkrechte Schwerachse auftretende Moment über 40 mt. Eine dreizylindrige Lok baut zwar die Zuckkräfte bis auf einen unbedeutenden Rest ab, vermindert aber die Momente nur wenig. Demgegenüber bleiben diese Kräfte und Momente bei einer mit Zweizylinder-V-Maschine angetriebenen Lok in den ungünstigsten, seltenen — und nur vorübergehenden — Fällen, also bei Gleichlauf aller Kurbeln beider Seiten um 90°, unterhalb 8 t beziehungsweise 8 mt.

Bei unseren Werksprobefahrten und bei einer Fahrt am 20. Februar 1941 unter Anwesenheit von Reichsbahnrat Fr. Röhrs vom Versuchsamt Berlin-Grunewald machten wir den Versuch, die Zylinder einer der vorderen Maschinen piezoelektrisch zu indizieren. Hierzu hatten wir hinter der Stromlinienverkleidung der Rauchkammertür einen Oszillographen mit Wechselstromgenerator installiert. Diese Methode, die für einen schnelläufigen und vielzylindrigen Antrieb von besonderer praktischer Bedeutung erschien, fand beim DR-Versuchsamt großes Interesse. Leider ließen es die Zeitumstände nicht zu, sie voll auszureifen.

Die Lokomotive 19 1001 wurde als Fabriknummer 25 000 am 13. Juni 1941 auf dem Fabrikhof der Firma Henschel in einer Feierstunde von Ministerialrat Karl Günther aus dem Reichsverkehrsministerium übernommen. Die ursprüngliche Planung hatte als Fertigtermin bereits den 1. September 1939, den 40. Geburtstag von Oscar R. Henschel, vorgesehen. Durch die politischen Ereignisse des Jahres 1939 und die so bedingte Verzögerung bei Zulieferungen war dieser Zeitpunkt nicht mehr einzuhalten gewesen. Das Fabrikschild der Lokomotive,

72 Lokomotive
19 1001 nach Anbau
aller vier Einzeldampf-
maschinen mit ursprüng-
licher Schrägstangen-
abstützung.
(Foto: Henschel)

73 Lokomotive
19 1001 im endgültigen
Ablieferungszustand.
Die Lok hatte schwar-
zen Anstrich mit silber-
grauen Zierstreifen;
Rahmen und Laufwerk
rot, Dampfmaschinen
grau abgesetzt.
(Foto: Henschel)

19 1001

Knorrbremse (S.S.-S-2-G) m.Z.
Gestängebauart L 1939 Tr 1939 L 1939   Letzte Bremsunf

74 Offizielle Übergabe der Lokomotive 19 1001, Henschel-Fabriknummer 25 000, am 13. Juni 1941. Im Vordergrund ein Modell der ersten Henschellok „Drache", Baujahr 1848.   (Foto: Henschel)

75 Ansprache von Oscar R. Henschel bei der Übergabe der Lokomotive 19 1001 an die Deutsche Reichsbahn.
        (Foto: Henschel)

76 Fabrikschild der Lok 19 1001 mit der von 1939 auf 1941 geänderten Beschriftung. Das Schild wurde vor der Verschrottung der Lok in den USA von einem dortigen Eisenbahnfreund gesichert und später dem Verfasser zugesandt.
        (Foto: Henschel)

77 Lokomotive 19 1001 vor Betriebszug mit Meßwagen der Deutschen Reichsbahn.
        (Foto: DR)

78 Lokomotive 19 1001 vor einem planmäßigen Schnellzug nach Berlin vor der Ausfahrt aus dem Hamburger Hauptbahnhof.
        (Foto: Roosen)

79 Anlieferung der im Oktober 1944 im Bw Altona durch Luftangriff beschädigten Lokomotive 19 1001 im Sommer 1945 ins Henschelwerk Kassel. Links im Hintergrund das ausgebrannte Verwaltungsgebäude.
(Foto: Roosen)

80 Ausstellung der im Oktober 1945 von der US Army nach USA überführten Lok 19 1001. Dahinter die gleichfalls nach USA überführte Henschel-Kondenslokomotive 52 2006 der Deutschen Reichsbahn.
(Foto: US Army)

81 Schnitt durch eine Henschel-Turbospeisepumpe für Lokomotivkessel. Links das Turbinenrad mit in den Laufkranz eingefräster Beschaufelung, rechts im Pumpengehäuse der in die Welle eingeschraubte Läufer.

(Foto: Henschel)

82 Lieferlos von Henschel-Turbospeisepumpen für Lokomotiven der Deutschen Bundesbahn.

(Foto: Henschel)

83 Baureihe 44 der DB, Betriebsnummer 44 629 mit auf der Rauchkammer angeordnetem Henschel-Mischvorwärmer. Als Speiseorgan diente eine links, hier nicht sichtbar angeordnete Henschel-Turbopumpe.

(Foto: Düring)

84 Heeresfahrzeug
Kfz 93 mit Reinigungs-
aufbau für Uniformen,
erste Ausführung.
(Foto: Henschel)

85 Die Kammer am
Wagenende enthält
Henschel-Dampf-
erzeugungsanlage und
Heißluftgebläse.
(Foto: Henschel)

86 VDI-Ehrung des um die Entwicklung von Einspritz-
pumpen und Verbrennungsverfahren von Fahrzeug-
Dieselmotoren verdienten Ingenieurs Franz Lang, München,
in einer Feierstunde im Deutschen Museum Januar 1948.
Franz Lang in der ersten Reihe zweiter von links, am
Rednerpult der Verfasser. Links der erste Dieselmotor
der Welt.   (Foto: Deutsches Museum)

87 Henschel-Dampfkessel zur Heizdampferzeugung,
Leistung 300 kg/h   (Foto: Henschel)

88 Diesellokomotive der Hersfelder Kreisbahn mit
Henschel-Dampfkessel von 500 kg/h Dampfleistung
für die Zugheizung.   (Foto: Henschel)

89 Henschel-Projekt einer 1950 für die Deutsche Bundesbahn entworfenen (1A1)B'-Schnellzug-Tenderlokomotive mit Turbinenantrieb. (Zeichnung: Reuter/Henschel)

90 Gespräch des Verfassers (Mitte) mit dem Staatschef Dr. Kwame Nkrumah der 1957 unabhängig gewordenen Republik Ghana, Westafrika. (Foto: privat)

das zunächst das Lieferjahr 1939 aufwies, wurde deshalb nachträglich auf 1941 umgeändert. Diese Berichtigung ist noch an zwei Ziffern des Schildes zu erkennen. Es wurde mir in den fünfziger Jahren von einem amerikanischen Lokomotivfreund zugesandt, der es 1953 vor der Verschrottung der nach Amerika überführten 19 1001 gesichert hatte. Es hängt jetzt, auf einer Holzplatte befestigt, in meinem Arbeitszimmer in Kassel.

Die Lok wurde im Sommer 1941 zum Lokomotivversuchsamt in Grunewald überstellt. Ende Oktober wurde nach Instrumentierung mit den Versuchsfahrten begonnen. Die Eisenbahnabteilung des Ministeriums hatte die kriegsbedingte Anweisung gegeben, die Messungen auf ein Minimum zu beschränken und die Lok dann nach Feststellung der Betriebsbrauchbarkeit dem Zugdienst zuzuführen. So mußte leider auf eine Indizierung verzichtet werden. Die ermittelten spezifischen Werte beziehen sich dadurch nur auf die Zughakenleistung. Der mechanische Wirkungsgrad war durch Fortfall der Kuppelstangen und durch die Wälzlagerung aller Triebwerksteile offensichtlich sehr gut. Die Lok ließ sich, wie das Versuchsamt hervorhebt, außergewöhnlich leicht verschieben.

Die Versuche wurden anfangs durch Schwierigkeiten mit einer unzulänglichen Feueranfachung beeinträchtigt. Außerdem zeigten sich Störungen an der Steuerung — Losschlagen von Keilen —, und nach den Versuchsfahrten wurde noch festgestellt, daß ein erheblicher Teil der Kolben- und Schieberringe in den Nuten festsaß. Durch ein um 0,2 mm vergrößertes Seitenspiel wurde dieser Mangel behoben, der auf die Meßergebnisse sicher nachteiligen Einfluß gehabt hat.
Alle an sich interessanten Einzelheiten kann ich in diesem Rahmen nicht behandeln. Einen guten Überblick ergab aber ein im Jahre 1951 von den Dezernaten 22 und 23 des Bundesbahnzentralamtes Minden aus interner Veranlassung über die Ergebnisse der Lok 19 1001 erstellter Kurzbericht.

Deutsche Bundesbahn
Bundesbahn-Zentralamt Minden

Versuchsergebnisse der 1'Do1' h8-Lokomotive 19 1001
Berichter: R. Dr.-Ing. Müller, BZA Minden, Dez. 22
Mitberichter: APr. Witte, BZA Minden, Dez. 23

Hauptabmessungen:

Gewicht von Lok und Tender mit vollen Vorräten	189,9 t
Gewicht von Lok und Tender mit $2/3$ Vorräten	175,5 t
Reibungsgewicht	75,8 t
Zylinder-Durchmesser	8×300 mm
Kolbenhub	300 mm
Treibrad-Durchmesser	1250 mm

$$\text{Zugkraft-Modul } Z_m = \frac{i}{2} \times \frac{d^2 s}{D} \times p = 4 \,\frac{900 \text{ cm}^2 \times 0,3 \text{ m}}{1,25 \text{ m}} \times 20 = \quad 17\,280 \text{ kg*)}$$

Haftwert $= Z_m/G_r = 17\,280$ kg $: 75,8$ t $=$	269 kg/t
Höchstgeschwindigkeit	175 km/h

---

*) Mit der Zylinderzahl i = 8 tritt hier der ungewöhnliche Faktor 4 auf (Anm. d. Verf.).

Kesseldruck	20	**atü**
Verdampfungsheizfläche	240,00	**m²**
Rostfläche	4,55	**m²**
Drehzahl der Dampfmaschine bei Höchstgeschwindigkeit	742	**U/min**
Drehzahl der Dampfmaschine bei V = 100 km/h	424	**U/min**
Mittlere Kolbengeschwindigkeit bei Höchstgeschwindigkeit	7,42	**m/sec**
Mittlere Kolbengeschwindigkeit bei V = 100 km/h	4,24	**m/sec**

[. . .]

Ergebnisse der systematischen Untersuchungen vor dem Meßwagen in den Jahren 1941/42:
Will man die Lok 19 1001 nach den heutigen Anforderungen beurteilen, so ist die Reihe 01.10 die gegebene für einen Vergleich der Leistungs- und Verbrauchswerte. Die 19 1001 ist aber für höhere Geschwindigkeiten gebaut worden. Will man sie daher nach ihrem ursprünglichen Verwendungszweck beurteilen, so muß die Reihe 05 zum Vergleich herangezogen werden. Wir haben im folgenden daher Vergleichszahlen für die 01.10 (= Lok 01 1001) und die 05 (= Lok 05 002) angegeben.

Bei den Versuchen mit der 19 1001 traten dauernd Schwierigkeiten mit der Saugzuganlage auf; ihre Abmessungen wurden mehrfach geändert. Daraus erklärt sich der relativ schlechte und im Verlauf zur Heizflächenbelastung etwas unwahrscheinliche Kesselwirkungsgrad. Er erreicht 69% bei 40 kg/m²h und fällt bei 20 und 60 kg/m²h auf etwa 68 und 67% ab. Die Meßwerte für Kohlenverbrauch, Speisewasser-Vorwärmtemperatur und Überhitzungstemperatur streuen relativ stark, was aus den Schwierigkeiten mit der Saugzuganlage zu erklären ist.

Auf ausdrückliche Verfügung des RVM wurde wegen der Zeitumstände die Lok leider nicht indiziert. Über den Wirkungsgrad der Dampfmaschine und den des mechanischen Teiles lassen sich also keine genauen Angaben machen. Die Steuerung gab ebenfalls Anlaß zu Schwierigkeiten. Sie wurde nach den ersten Versuchsfahrten geändert. Im endgültigen Zustand der Steuerung wurden die Steuerpunkte nicht genau gemessen, weil hierzu besondere Geräte erforderlich gewesen wären, die damals aus zeitbedingten Gründen nicht beschafft wurden. Über das Verhalten der Steuerung nach der Änderung besteht somit keine völlige Klarheit.

Die Dampftemperaturen hielten sich im Rahmen des üblichen. An der Kesselgrenze betrug die Frischdampftemperatur vor der linken vorderen Maschine 393 °C, vor der rechten hinteren Maschine 373 °C. Als Grund für den Unterschied werden die Wärmeverluste an der langen Dampfzuleitung und der auch bei normalen Lokomotiven vorhandene Temperaturunterschied zwischen der linken und der rechten Seite des Überhitzerkastens (infolge besserer Lage des Feuers auf der linken Seite des Rostes) angegeben bei 150 bis 160 °C, also ebenfalls bei normalen Werten.

Die günstigste Geschwindigkeit liegt bei 80 km/h. Der spezifische Dampfverbrauch beträgt hierbei und bei Kesselvollast 8,1 kg/PSeh, und der entsprechende Kohlenverbrauch 1,18 kg/PSeh. Es ist auffallend, daß die günstigste Geschwindigkeit für die gesamte Lokomotive bei einem so hohen Wert liegt. Dies läßt darauf schließen, daß die günstigste Geschwindigkeit der Dampfmaschine allein weit über 100 km/h liegen muß. Bei der 01 1001 beträgt die günstigste Geschwindigkeit (= Maximum des Gesamtwirkungsgrades) z. B. nur 56 km/h; der spezifische Dampf- und Kohlenverbrauch beträgt hierbei 8,45 kg/PSeh bzw. 1,22 kg/PSeh. Für die 05 002 lauten die entsprechenden Werte = 60 km/h, Kohlenverbrauch = 1,18 kg/PSeh und Dampfverbrauch = 8,1 kg/PSeh bei ³/₄ Kessellast. Bei der 19 1001 wurden für 60 km/h und gleiche Zugkraft Verbrauchswerte von 8,6 bzw. 1,22 kg PSeh gemessen. Hieraus geht hervor, daß bis etwa 70 km/h die 01 günstiger arbeitet, während oberhalb dieser Geschwindigkeit die Einzelachsantriebslok überlegen ist. Dies Urteil stützt sich auf die spezifische Dampfverbrauchszahlen. In die Kohlenverbrauchswerte geht der bei beiden Lokomotiven unterschiedliche Kesselwirkungsgrad ein, der vorwiegend von anderen Einflüssen als von der Antriebsart abhängt. Die größte effektive Leistung bei Kesselvollast beträgt bei Lok:

$$19\,1001 = 1685 \text{ PSe bei } 80 \text{ km/h}$$
$$01\,1001 = 1730 \text{ PSe bei } 65 \text{ km/h}$$
$$05\,002 = 1850 \text{ PSe bei } 60 \text{ km/h}.$$

Der Unterschied der Leistungen hat seinen Grund u. a. in einem geringen Unterschied der Verdampfungsheizflächen (= 240 m² / 246,9 m² / 256 m²). Aus dem Bericht des LVA Grunewald geht hervor, daß die 19 1001 sich besonders leicht verfahren ließ. Der geringe Fahrwiderstand ist auf die Verwendung von Rollenlagern als Achs- und Treibstangenlager sowie auf das Fehlen der Kuppelstangen zurückzuführen. Hervorgehoben wurde ferner der ungewöhnlich ruhige Lauf der Lok bis zu den höchsten Geschwindigkeiten und der besonders geringe Ölverbrauch, der auf die Kapselung sämtlicher Lager zurückzuführen ist.

Ergebnisse der anschließenden Betriebserprobung:

Bei der Beförderung planmäßiger Züge machte die 19 1001 beim Anfahren besondere Schwierigkeiten. Die fehlende Kupplung der Treibachsen bewirkte, daß jede Achse für sich trotz des relativ niedrigen Haftwertes von 269 kg/t leicht schleuderte. Der zulässige Haftwert muß also niedriger als sonst üblich angesetzt werden. Beim Schleudern muß der Regler sofort geschlossen werden; die durchgehende Dampfmaschine hat dann den gesamten Inhalt aller Dampfwege allein zu verarbeiten, und es dauerte immer verhältnismäßig lange, bis sie sich fing. Dadurch geriet der etwas in Bewegung gekommene Zug oftmals wieder zum Stillstand. Bei jeder Zugfahrt hat die 19 1001 beim Anfahren Fahrzeitverluste verursacht. Die Züge waren im Kriege allerdings durchschnittlich schwerer als heute, während die 19 1001 für Schnellfahrten mit leichten Zügen vorgesehen war. Bei solchen Zügen würden also nach Ausschöpfung aller Möglichkeiten zur Verbesserung des Anfahrens kaum Schwierigkeiten auftreten.

Genaue Untersuchungen ergaben, daß die Kolben- und Schieberringe undicht waren. Die Kolben bekamen also von beiden Seiten Druck. Nach Beseitigung dieser Mängel zog die Lok sicherer an und hatte auch einen geringeren Dampfverbrauch. Diese Undichtigkeiten haben vermutlich auch die Meßwagen-Messungen ungünstig beeinflußt. Der damalige Bericht des LVA Grunewald führt das unsichere Anziehen außerdem noch auf zu kleine Maximalfüllung zurück. Dieser Mangel hätte sich bei Fortführung der Versuche durch Veränderung der Steuerung mildern lassen. Es bleibt jedoch festzustellen, daß eine Dampflok mit Einzelachsantrieb mehr Reibungsgewicht haben muß als eine gekuppelte Lok, wenn sie gleichschwere Züge anziehen soll.

Thermische Betrachtung des Einzelachsantriebes:

Von den sechs thermischen Verlusten der Dampfmaschine (= Flächenschaden, Wärmeableitung und Strahlung, schädlicher Raum, Drosselung, unvollständige Expansion und Undichtigkeiten) werden durch die Zylindergröße der Flächenschaden und der Verlust durch Wärmeableitung bzw. Strahlung beeinflußt, da mit steigender Zylindergröße das Verhältnis der dampfberührten Oberfläche zum Inhalt günstiger wird. Unter der Voraussetzung gleicher Drehzahl (was bei normalen Dampflokomotiven annähernd der Fall ist) verkleinern sich diese Verluste also mit steigendem Zylinderdurchmesser. Bei der Lok mit Einzelantrieb kommt aber die Drehzahlerhöhung hinzu; hierdurch wird der Flächenschaden geringer, weil die Zeit zum Wärmeaustausch vom Dampf an die Wandung beim Eintritt des Dampfes und von der Wand an den Dampf beim Ende der Expansion kleiner wird. Der Nachteil der kleineren Zylinder wird also durch den Vorteil höherer Drehzahl mindestens zu einem Teil aufgewogen. Leider läßt sich diese Überlegung nicht zahlenmäßig belegen, da die 19 1001 vor dem Meßwagen nicht indiziert worden ist.

Der verhältnismäßig gute Gesamtwirkungsgrad der 19 1001 bei höheren Geschwindigkeiten ist unseres Ermessens aber auch auf das günstige mechanische Verhalten zurückzuführen. Anläßlich der Erstellung des Kennlinienfeldes für Dampflokomotiven haben wir aus den Versuchsunterlagen die Beiwerte der Strahl'schen Fahrwiderstandsformel für Lokomotiven errechnet. Für den Beiwert jenes Gliedes dieser Formel, das von dem Quadrat der Fahrgeschwindigkeit abhängt, haben wir dabei Werte gefunden, die den Schluß zulassen, daß der Luftwiderstand nicht die einzige physikalische Ursache dieses Gliedes ist. Vielmehr muß auch die Laufwerksanordnung einen Einfluß auf diesen Beiwert haben. Somit ist anzunehmen, daß der Beiwert des Geschwindigkeitsgliedes bei der Lokomotive mit Einzelachsantrieb kleiner ist als bei den normalen Lokomotiven, und daß der gute Wirkungsgrad der Lok bei hohen Geschwindigkeiten zum Teil auf diese Erscheinung zurückzuführen ist.

Aus diesen Ausführungen geht hervor, daß die Lok mit Einzelachsantrieb sich hinsichtlich des spezifischen Dampf- und Kohlenverbrauchs gut in die Verbrauchsdaten vorhandener Schnellzuglokomotiven einordnet. Zur Zeit der Planung war hin und wieder die Besorgnis geäußert worden, daß der an Drillingslokomotiven gegenüber dem Zwillingsantrieb stets festgestellte spezifische Mehrverbrauch sich bei Übergang auf acht Zylinder noch erhöhen könnte. Dem war aber entgegenzuhalten, daß, wenn eine Einzelmaschine des neuen Antriebes einen der Zwillingsanordnung entsprechenden Dampfverbrauch aufweist, dies bei gleichem Frischdampfzustand auch bei vier parallelgeschalteten Maschinen der Fall sein würde. Dem Nachteil, daß bei den weiter hinten liegenden Maschinen durch die langen Frischdampfleitungen mit einem Temperaturabfall zu rechnen war, stand der günstige Einfluß der höheren Drehzahlen gegenüber, der die Wandverluste in den Zylindern verringerte. Günstig wirkte sich hierbei auch der von uns gewählte große Schieberdurchmesser aus, der Drosselverluste herabsetzte.

Die Ursache der zu Anfang unbefriedigenden Dampferzeugung wurde trotz des im Umfang eingeschränkten Versuchsprogramms aufgeklärt und praktisch behoben. Für die Saugzugwirkung spielt nicht nur die Blasrohranlage, sondern auch der Luftzutritt zum Aschkasten und zum Rost eine wesentliche Rolle. Auch bei Neukonstruktionen der Normalausführung sind meistens Anpassungsmaßnahmen erforderlich. Unter der Leitung von Dipl.-Ing. Karl Koch vom Versuchsamt Grunewald wurde festgestellt, daß die Feuergase bevorzugt durch die Rauchrohre abzogen, woraus sich auch die anfänglich sehr hohe Frischdampftemperatur von über 400° C erklärte. Der Luftüberschuß im Rauchrohrbereich lag bei nur 1.2, in den Heizrohren dagegen bei etwa 2.0, während bei Lokomotivkesseln ein Wert von 1.3 als normal gelten kann.

Die Ursache war zum Teil die etwas ungewöhnliche seitliche Hochziehung des Feuerschirms, die wegen der im Feuerraum vorgesehenen T-förmigen Wasserrohre gewählt worden war. Durch Änderung der Feuerbrücke und Schließen der vorn im Feuerschirm für den Löschedurchfall vorhandenen Öffnungen wurde dieser Mangel im wesentlichen beseitigt. Hinzu kam, daß bei dieser sehr ruhig laufenden Lokomotive die Rüttelwirkung durch die Zuckkräfte fortfiel, die bei normalen Loks die Feuerschicht mehr oder weniger weit nach vorn wandern läßt. So mußte sich die Heiztechnik hierauf einstellen. Mit der ausgesprochen gleichmäßigen Verteilung der Auspuffstöße bei der 19 1001 allein ließen sich diese Abbrandschwierigkeiten jedenfalls nicht erklären. Die noch

gleichmäßigere Feueranfachung durch das Saugzuggebläse der Henschel-Kondenslokomotiven der Baureihe 52 ergab keine Schwierigkeiten. Das gilt auch hinsichtlich des bei der 19 1001 verhältnismäßig niedrigen Kesselwirkungsgrades
von nur 70 Prozent. Bei der Kondenslok wurde ein Kesselwirkungsgrad von
73 bis 75 Prozent gemessen. Zu weiteren Untersuchungen dieser Fragen fehlte
es aber an Zeit und Arbeitskräften.

Anschließend an die von Grunewald ausgehenden Testläufe wurde die Lok
versuchsweise auch auf einigen Betriebsfahrten erprobt. Bei einem der Einsätze
hatte sie einen etwa 650 t schweren Zug Berlin — Frankfurt/M und Frank-
furt/M — Berlin mit Meßwagen zu befördern. Auf der Rückfahrt kam sie durch
Schwierigkeiten bei der Feuerhaltung und durch Schleudern in den Steigungen
bei Schlüchtern und vor dem Hönebacher Tunnel zum Erliegen, so daß Vorspann
angefordert werden mußte. Mitgespielt hat hierbei wohl auch die Begrenzung
der Höchstfüllung, vor allem aber die sehr hohe Zuglast, für die sie an sich nicht
geplant war.

Die Versuchs- und Betriebsfahrten sind ausführlich auf die amtlichen Unterlagen gestützt in einem ausgezeichneten Aufsatz von Dipl.-Ing. Horst Troche
beschrieben, der im Karlsruher „Jahrbuch für Eisenbahngeschichte" 1972 erschienen ist. Aus dieser Abhandlung sei hierüber eine Begebenheit berichtet, die
noch in die Versuchszeit fällt:

„Der Dampfverbrauch war nach Lösen der Kolben- und Schieberringe offensichtlich zu-
rückgegangen, und zwar um mehr als 10 Prozent. Diese Beobachtung legte die Vermutung
nahe, daß wahrscheinlich schon bei den Meßfahrten allmählich Undichtigkeiten an den
Ringen eingetreten sein könnten, die den Dampfverbrauch erhöht hätten. Die Meßserie
bei 120 km/h war als zeitlich letzte gefahren worden; hier hätte eine Auswirkung also am
besten festgestellt werden können. Für den 6. Mai 1943 war zur Überprüfung noch einmal
eine Beharrungsfahrt angesetzt worden. Leider mußte diese Fahrt schon bald hinter
Wittenberge wegen Treibstangenbruchs der Bremslokomotive abgebrochen werden. Zu-
fälligerweise hatte der in Hagenow Land überholende SFR 1033 auch Lokschaden. Die
19 1001 übernahm ab Schwanheide diesen Zug und beförderte auch den Gegenzug, den
D 7, von Altona nach Berlin zurück. Die schwerbeschädigte Bremslokomotive mußte dem
Ausbesserungswerk zugeführt werden. Eine schnelle Meßwagenfahrt war also innerhalb
kürzerer Zeit nicht mehr möglich. Die Lok 19 1001 wurde daher zur Abgabe an den Betrieb
vorbereitet".

Die Lok wurde ab 17. Mai 1943 mit dem Sommerfahrplan auf der Strecke
von Berlin L nach Hamburg vor D-Zügen und Fronturlauberzügen von 550 bis
660 t Anhängelast mit 100 bis 110 km/h eingesetzt, da die ihr zugedachte Aufgabe im Schnellverkehr kriegsbedingt entfiel. Nur eimal wurden bei Brems-
versuchen zwischen Hagenow Land und Ludwigslust kurzzeitig 186 km/h in
bester Laufruhe gefahren.

Im Betriebseinsatz ergaben sich anfänglich beim Anfahren der schweren Züge
Schleuderschwierigkeiten, die zuweilen mehrere Minuten Zeitverlust verursachten. Er wurde aber durch die sehr guten Beschleunigungseigenschaften meist
wieder eingeholt und die Gesamtfahrzeit in einigen Fällen auch unterschritten.

Die Lok wurde von Personalen gefahren, die sich im Schnellzugdienst langjährig bewährt hatten und besonders geschult waren. Dadurch wurde das Schleudern beim Anfahren stark herabgemindert, so daß es, wie das Maschinenamt Hamburg berichtete, später kaum noch vorgekommen ist. Auch wurde, wie ich mich erinnere, der Zug bei der Anfahrt zuweilen etwas beigedrückt.

Wie in dem oben wiedergegebenen Kurzbericht gesagt, zog die Maschine einer schleudernden Achse auch bei schnellem Schließen des Reglers durch die gemeinsame Frischdampfzuleitung für alle Maschinen noch ein verhältnismäßig großes Dampfvolumen auf sich. Wir haben deshalb damals noch einen Vorschlag ausgearbeitet, dieser Erscheinung durch eine besondere Ausbildung des Mehrfachventilreglers abzuhelfen, um Zeitverlusten auch beim Anfahren so hoher Zuggewichte vorzubeugen. Diese Abänderung konnte aber nicht mehr realisiert werden.

Zur Bewährung der Gelenkkupplung System Pawelka ist zu sagen, daß während der Versuchsfahrten eine Lenkerstange durch Fressen eines Kugelgelenkes gebrochen ist. Ein weiterer Schaden trat am 17. November 1943 auf dem Streckenabschnitt Wittenberge — Berlin bei einer Geschwindigkeit von 100 km/h auf: An der C-Maschine brachen zwei Lenkerstangen, wodurch die Maschine auf Überdrehzahl kam und ihr Gegengewicht die Ölwanne durchschlug. Es konnte nicht einwandfrei festgestellt werden, ob die Beschädigung durch die Kugelgelenke oder durch Bruch eines Querhebels der im Rad gelagerten Welle ausgelöst worden war. Ihr Gefüge an der Bruchstelle hatte sich als sehr grobkörnig erwiesen, woraus auf eine unzweckmäßige Wärmebehandlung geschlossen wurde. Nach dem Befundbericht handelte es sich nicht um einen grundsätzlichen Mangel; unter normalen Verhältnissen hätte es wohl keine Schwierigkeiten bereitet, diesen Lenkerantrieb vollkommen betriebssicher zu gestalten. Statt der beschädigten Maschine wurde die in Kassel vorhandene Ersatzmaschine angebaut.

Auch die Auswirkung dieses Vorfalles auf die Einsatzbereitschaft der Lokomotive zeigt, wie schwierig es war, eine so weitgehende Neukonstruktion unter den immer schwieriger werdenden Kriegsverhältnissen auszureifen. An den Dampfmaschinen selbst sind im Betriebseinsatz keine nennenswerten Schäden vorgekommen. Aber selbst geringfügige Ausbesserungen oder Änderungen, die in Friedenszeiten nur Tage oder Wochen erfordert haben würden, bedingten jetzt oft lange Ausfälle. Unter diesem Gesichtspunkt ist auch die erreichte Gesamtlaufleistung von 60 000 km zu beurteilen.

Von Kassel aus waren wir immer durch Ingenieur- oder Monteureinsatz zur Stelle. Dabei hat sich besonders unser Richtmeister Heinrich Schiffhauer, der schon in den Dampfwagenjahren ein sehr wertvoller Helfer war, durch Umsicht und unermüdliche Einsatzbereitschaft verdient gemacht. Bei solchen Aufgaben entsteht eine auf echten Verlaß gegründete Kameradschaft. Soweit es meine anderen Arbeiten in Kassel zuließen, habe ich an den Versuchs- und Betriebsfahrten dieser Lokomotive, die mir nach ihrer ganzen Entstehungsgeschichte sehr am Herzen lag, öfter teilgenommen. Ich freute mich dann, wenn ihre außergewöhnliche Laufruhe immer wieder gelobt wurde.

Die Kriegsverhältnisse machten es aber immer schwieriger, einzelnen Vorkommnissen zu begegnen. Anfang Oktober 1944 stellte daher das RZA Berlin beim RVM den Antrag, die Maschine während des Krieges vorläufig aus dem Betrieb zu ziehen und dem LVA Grunewald zuzuteilen. Zur Begründung wurde darauf hingewiesen, daß — man ging ins sechste Kriegsjahr — geeignete Kräfte für die Wartung dieser als Einzelgänger anzusehenden Lok weder den Reichsbahnstellen noch der Firma Henschel zur Durchführung von Ausbesserungsarbeiten zur Verfügung ständen und auch keine Aussicht bestehe, daß die Firma sich jetzt mit der Fertigung von Ersatzteilen befassen könne.

Bevor es jedoch zu einer Entscheidung kam, wurde die Lok im Bw Altona in der Nacht vom 12. zum 13. Oktober 1944 bei einem Bombenangriff schwer getroffen. So wurden die Stromlinienverkleidung zerstört, an der A-Maschine ein Zylinderdeckel beschädigt, an den A- und C-Maschinen die Ölwannen sowie der Tender und das Tenderdach aufgerissen, der Stehkessel auf der linken Seite undicht.

Nach Kriegsende wurde die Lok in Offensen an der Strecke Göttingen — Bodenfelde vorgefunden, wohin sie irgendwie überführt worden war. Anfang April 1945 wurde das Kasseler Henschelwerk vom 757. Railway Shop Battalion der amerikanischen Armee besetzt. Dieses holte die Maschine auf Umwegen — die Kragenhofer Brücke auf der Strecke von Göttingen nach Kassel war in den letzten Kriegstagen gesprengt worden — nach Kassel, um sie wiederherrichten zu lassen.

Die Instandsetzung der Lok 19 1001 gelang unter diesen heute kaum noch vorstellbaren Umständen erstaunlich schnell, wobei wir Ersatzteile der im Werk Mittelfeld vorhandenen Ersatzmaschine entnehmen konnten, die wie durch ein Wunder der allgemeinen Zerstörung entgangen war. Nach Beseitigung der zahlreichen Blechschäden war die Lok Ende September 1945 wieder betriebsbereit. Sie wurde durch eine Werksfahrt nach Wabern auf ihren einwandfreien Zustand überprüft. Während der Reparaturzeit war sie von Angehörigen verschiedener amerikanischer Dienststellen besichtigt worden, und es war so viel Interesse an dieser Antriebsart entstanden, daß die Militärregierung die Überführung der Lok nach den USA anordnete. Sie erfolgte Ende Oktober 1945 zusammen mit der Kondenslok 52 2006. Ich selbst habe an diesen letzteren Vorgängen nicht mehr teilgenommen, da ich ab Mitte September gleich vielen Werksangehörigen mit Typhus, der in die Werksküche eingeschleppt worden war, in einem Kasseler Hilfskrankenhaus lag.

Die 19 1001 wurde in den USA auf verschiedenen Ausstellungen gezeigt und schließlich im Fort Eustis in Virginia abgestellt. Um 1953 soll sie verschrottet worden sein. Sie war ja für die bei den amerikanischen Bahnen üblichen Zuggewichte ohnedies zu schwach und durch den dort schnell fortschreitenden Übergang zur Diesellokomotive uninteressant geworden.

1949 habe ich noch gelegentlich eines USA-Aufenthaltes das Pentagon in Washington aufgesucht und den Offizier gefunden, der in dieser Angelegenheit orientiert war. Auf meine Frage nach den Gründen für die Verschiffung hörte ich, daß außer den Eisenbahnern die Navy an den Dampfmaschinen interessiert gewesen sei.

Ich schnitt auch die Frage an, ob die Lok wieder an die Reichsbahn zurückgegeben werden könne. Der Offizier hielt das für denkbar, wenn von deutscher Seite die Transportkosten übernommen würden. Über deren etwaige Höhe wurde eine kurze Überlegung angestellt. Als ich mich verabschiedete, sagte mein Gesprächspartner abschließend: „But if you would ever refer to this conversation I should call you a damned liar".

Bei meiner Rückkehr fand die Anregung bei der Hauptverwaltung der Deutschen Bundesbahn zunächst durchaus Interesse. Angesichts der damaligen Verhältnisse, die nur einen trüben Ausblick auf die Wiederaufnahme eines Hochgeschwindigkeitsbetriebes ließen, und auch wohl wegen der in der Größenordnung von 15 000 Dollar zu vermutenden Frachtkosten, wurde der Gedanke dann aber fallengelassen.

Damit war die Geschichte dieser vielversprechenden Neuentwicklung endgültig abgeschlossen. Gegen einen Neubau sprach, abgesehen von der Finanzlage, auch der bei der Bundesbahn damals einsetzende Strukturwandel. Unter Friedensverhältnissen hätte diese Bauart gute Aussichten gehabt, im Schnellverkehr von leichten und mittelschweren Reisezügen im Geschwindigkeitsbereich von 160 bis 200 km/h eine Rolle zu spielen. Ihre Chancen fielen dem Krieg und den durch seine Auswirkungen bedingten Zeitverlusten zum Opfer. Ihr Entstehungs- und Werdegang verdient aber, als Beispiel der auch auf dem Eisenbahngebiet nie ruhenden Ingenieurarbeit festgehalten zu werden. Diese Antriebsform ist zwar zeitbedingt nur in einem Exemplar in Betrieb gewesen; die Lok hat aber, wie auch das heute noch bekundete rege Interesse aus dem In- und Ausland zeigt, ihren Teil zum Ansehen des deutschen Lokomotivbaues beigetragen.

VII. Motoren- und Fahrzeugbau
Meine Tätigkeit auf dem Gebiet der Fahrzeug-Dieselmotoren

Im Jahre 1938 wurde mir zusätzlich auch die Leitung des Prüffeldes für die verbrennungstechnische Weiterentwicklung der Kraftwagenmotoren der Firma übertragen. Der dampftechnische Teil unserer Versuchsabteilung, der sich u. a. mit den Arbeiten für den Doble-Antrieb befaßte, gehörte schon seit 1930 zu meinem Tätigkeitsbereich. Nun wurde das Ganze unter der organisatorischen Bezeichnung „Entwicklungsabteilung" mit meinem Konstruktionsbüro zusammengefaßt. Auch die Patentabteilung mit der Technischen Bücherei gehörte dazu. 1937 hatte ich bereits Prokura erhalten, 1941 wurde ich zum Direktor ernannt.

Durch diese Aufgabe kam ich mit der Dieselmotorenentwicklung für Kraftfahrzeuge in unmittelbaren Kontakt. Henschel baute seit 1930 seine Dieselmotore nach dem von Franz Lang erfundenen Lanova-Luftspeicherverfahren. Lang hatte in mehrjähriger praktischer Versuchsarbeit bei der MAN den Dieselmotor kennengelernt, als dieser nach den ersten Jahren der Vorerprobung für die praktische Verwendung reif gemacht wurde. Sein Fingerspitzengefühl für Verbesserungsmöglichkeiten verschaffte ihm auch Lob und Anerkennung des Erfinders Dr. Rudolf Diesel, der zu jener Zeit die Versuchsarbeiten bei der MAN beratend betreute, und an denen auch Lang als Werkmeister mitwirkte.

Die niedrige Motordrehzahl, hohe Zünddrücke und hohes Gewicht, hauptsächlich verursacht durch den notwendigen Kompressor für Lufteinblasung des Kraftstoffes, ließen zunächst den Dieselmotor als Fahrzeugmotor ungeeignet erscheinen. In eigenen Entwicklungsarbeiten, gekennzeichnet durch viele Patente, schuf Lang, der sich inzwischen von der MAN getrennt hatte, in seinem Laboratorium in München eine mechanische Einspritzanlage und Brennraumformen, die im Motorbetrieb hohe Drehzahlen und niedrige Zünddrücke ermöglichten.

Die Firma Robert Bosch erwarb 1925 Langs Patente, die ACRO-Patente, bezeichnet nach der Verwertungsgesellschaft ACRO. Auch die Laboratoriumseinrichtungen und das Personal wurden von Bosch übernommen, und unter Langs Leitung konnten diese Entwicklungsarbeiten für einige Jahre bei Bosch in Stuttgart fortgesetzt werden. Zu dieser Zeit begann Bosch, unter Beibehaltung der charakteristischen Funktionsteile der Lang'schen Einspritzanlage, fertigungsgerechte und serienreife Modelle herzustellen.

Ende der zwanziger Jahre kehrte Lang in sein eigenes Labor nach München zurück und befaßte sich hauptsächlich mit der Entwicklung des später unter dem Namen „Lanova-Verfahren" bekannt gewordenen Energiespeicherverfahrens für rasch laufende Dieselmotoren. Das Lanova-System wurde von zahlreichen in- und ausländischen Firmen übernommen. Bei einer Amerikareise im Jahre 1933 erlebte ich in Gesprächen, welches hohe Ansehen Lang in dortigen Fachkreisen genoß.

Die Zusammenarbeit mit Henschel vollzog sich in engem Einvernehmen mit dem Münchener Laboratorium. Bei der Erforschung und Ausreifung einschlägiger Fragen hat sich in Kassel mein Mitarbeiter und Studiengefährte aus Dresdener Zeiten, Dr.-Ing. Johannes Grumbt, verdient gemacht, der damals des Prüffeld leitete. Er schuf unter anderem eine Karusseleinrichtung, durch die das sogenannte Einspritzgesetz, der zeitliche Ablauf der von den untersuchten Düsen ausgespritzten Brennstoffmenge, exakt ermittelt werden konnte. Aus dieser Motorenarbeit möchte ich auch die auf hohe praktische Begabung gestützten Leistungen meines langjährigen Mitarbeiters Oberingenieur Fritz Eckhardt hervorheben.

Langs Erfindungen und Pionierarbeiten für den schnellaufenden Fahrzeugdiesel, auf die ich hier nicht näher eingehen kann, fanden auch ihre äußere Anerkennung. Anläßlich seines 75. Geburtstages verlieh ihm der VDI die Ehrenmitgliedschaft. Aus diesem Anlaß fand im Januar 1948 in Verbindung mit dem Deutschen Museum eine Feierstunde statt, bei der ich die Festansprache hielt. Auf der Abbildung sieht man die Zuhörer in Wintermänteln, da die Sammlungsräume des Deutschen Museums trotz Behebung der schlimmsten Kriegsschäden noch über keine Heizung verfügten. Das Bild zeigt in der ersten Reihe von links nach rechts Geheimrat Professor Dr. Zenneck, den damaligen Direktor des Deutschen Museums, Franz Lang, Ministerialdirektor Franz Fischer von der Obersten Baubehörde in Bayern und Professor Dr.-Ing. August Loschge von der Technischen Hochschule München, damals Vorsitzender des bayerischen Bezirksvereins des VDI.

Unabhängig hiervon hatte ich mich schon seit einigen Jahren in Zusammenarbeit mit fachkundigen Kreisen für die Verleihung der Würde eines Doktor-Ingenieurs ehrenhalber an Franz Lang eingesetzt und die einschlägigen Verhandlungen geführt. Bei der Verfolgung dieses Zieles habe ich erlebt, daß es nicht ganz einfach ist, eine solche Auszeichnung für einen Autodidakten zu erwirken. Bei meinen Bemühungen fand ich Unterstützung bei der Technischen Hochschule München, bei Dr. Eugen Diesel und der Firma Robert Bosch. Diese hohe Ehrung für Herrn Lang und sein Lebenswerk wurde durch die Technische Hochschule München im Dezember 1950 vollzogen. Die Verleihung der Ehrendoktorwürde haben Langs Freunde besonders begrüßt.

Sonderfahrzeuge für Heeresbedarf

Im Zusammenhang mit Motorfahrzeugen sei noch auf eine Anwendung unserer Erfahrungen mit Zwangsdurchlaufkesseln eingegangen. Ende der dreißiger Jahre trat das Heereswaffenamt an Henschel mit der Aufgabe heran, auf dem Chassis des Wehrmachts-Dreiachsers der Henschel-Type 33 D 1 einen Aufbau zu entwickeln, in dem durch Giftgas (Lost) verschmutzte Uniformen gereinigt werden könnten, falls es in einem künftigen Kriege zu dessen Einsatz kommen sollte.

Die Anlage bestand bei der von einer anderen Firma erstellten Prototypausführung aus zwei Kammern und einem Dampferzeuger, der für die Aufspaltung der Giftstoffe Dampf oder Heißluft liefern sollte. Gestützt auf unsere Erfahrungen schufen wir für diesen Zweck eine vollautomatisch arbeitende Dampfanlage für 200 kg/h von 30 atü und 350° C Dampftemperatur. Der ausgemauerte Feuerraum lag unten, die gesamte Heizfläche betrug 2,8 m², Durchmesser und Höhe 550 × 800 mm, das Gewicht mit Brenner 0,25 t. Der erwähnte Prototyp hatte zwei in Leichtmetall ausgeführte Kammern mit je einer großen, in Leichtmetall gegossenen, durch Bügel verschließbaren Tür auf der Längsseite. Es war schwierig, diese Kammern und die Türbauweise dampfdicht zu halten.

Unser Gegenentwurf, der dann der Serienausführung zugrundegelegt wurde, sah dagegen mehrere nebeneinander angeordnete Querkammern vor, die je aus einem einfachen Stahlblechmantel bestanden, dessen Stirnkanten als gut abdichtende Anlage für die Türen dienten. Die Einzelkammern waren unter sich zusammengeschweißt. Sie hatten Kleiderbügelbreite. Die von uns entwickelte Bauart funktionierte von Anfang an einwandfrei. Das klingt in einer solchen Kurzbeschreibung alles sehr einfach, die Gesamtkonstruktion war aber, auch im Hinblick auf die gegebenen Gewichtsgrenzen, eine beachtliche Leistung, die zudem unter dem bei solchen Aufträgen üblichem Termindruck stand. Später wurden die Fahrzeuge mit noch mehr Kammern auf einem längeren Chassis geliefert.

Eine Begebenheit will ich noch als zeitgeschichtliche Besonderheit erzählen: Die Abmachungen des 1939 mit der Sowjetunion geschlossenen Nichtangriffspaktes sahen auch den Austausch von Rüstungsmaterial vor. Wir erhielten deshalb die Anweisung, von diesen Sonderfahrzeugen ein Exemplar den Sowjets zu übergeben. Bei der Auslieferung in Kassel stand ich vor der recht eigenartig empfundenen Situation, der russischen Kommission mit dem Fahrzeug auch eine Bedienungsanleitung mit der Aufschrift „Streng geheim" auszuhändigen, wobei man sich in freundschaftlicher Atmosphäre für die ausführliche Einweisung bedankte.

Außer diesem, als Kfz 93 bezeichneten Fahrzeug entwickelten wir für die gleiche Fahrgestellbauart einen Truppenspezialwagen, der unter der Bezeichnung Kfz 92 als Badewagen auszubilden war. Der Dieselmotor von 100 PS trieb hier bei Stillstand des Wagens eine von uns konstruierte Wasserbremse an, die Heißwasser für die Badeeinrichtung im Wagenaufbau lieferte. Auch diese Konstruktionen sind ein Beispiel, daß die auf einem ganz anderen Gebiet, hier am Dampfwagen gesammelte Sachkunde zu neuen Aufgaben führen kann.

Anschließend wurde von uns auf Wunsch des Waffenamtes noch eine Modifikation des Kfz 93 entwickelt, bei der die Kammern mit Heißluft beschickt wurden, die eine vom Dieselmotor angetriebene Luftwirbelbremse erzeugte. Diese Bauart verursachte aber einen so starken Lärm, daß dieser Gedanke nicht weiterverfolgt wurde.

VIII. Entwicklungsarbeiten der fünfziger Jahre
Der Henschel-Mischvorwärmer für Bundesbahn-Dampfloks

Wie schon erwähnt, sind die Kriegslokomotiven der Baureihen 52 und 42 ohne Speisewasservorwärmer geliefert worden. Er wurde weggelassen, um den Material- und Arbeitsaufwand für diese Lokomotiven möglichst gering zu halten. Nach Kriegsende stellte sich die vordringliche Aufgabe, diese Lokomotiven nachträglich mit einer Speisewasservorwärmung zu versehen, da bei der schwierigen Kohleversorgung auf die durch die Vorwärmung mögliche Kohleeinsparung keinesfalls dauernd verzichtet werden konnte. Diese beträgt mit den in Deutschland fast ausschließlich verwendeten Oberflächenvorwärmern bei einer Speisewasseranwärmung auf 90 bis 95° C etwa 10 Prozent. Durch die Ausscheidung von Kesselsteinbildern verschlechterte sich aber der Wärmeübergang, so daß laufende Reinigungsarbeiten am Vorwärmer erforderlich wurden.

Es gab schon Vorwärmerbauarten, bei denen ohne Zwischenschaltung von Heizflächen die Wärmeübertragung dadurch erfolgte, daß der Abdampf dem Speisewasser direkt zugemischt wurde. Von den verschiedenen Systemen dieser Art sei als Beispiel der Mischvorwärmer genannt, der von Professor Dr.-Ing. F. Heinl für Lokomotiven der Österreichischen Bundesbahnen entwickelt und auch bei anderen Bahnverwaltungen angewandt worden war. Dieser ermöglichte in einer zweistufigen Bauart eine Wassertemperatur bis 120° C, er war dadurch aber verhältnismäßig vielteilig. Sobald lokomotivtechnische Entwicklungsarbeiten wieder aufgenommen werden konnten, stellte Reichsbahndirektor F. Witte die Aufgabe, für die Kriegslokomotiven eine möglichst einfache Bauart zu entwerfen.

Herr Hany war vor seinem Eintritt bei Henschel Mitarbeiter von Heinl gewesen und verfügte daher bereits über reichhaltige Erfahrungen auf diesem Gebiet. Er machte den Vorschlag, den Abdampf durch eine Mischdüse unterhalb des Wasserspiegels eines unter Atmosphärendruck stehenden Mischbehälters einzuführen, wobei die Hauptdüse der Aufheizung und die innenliegende Düse der Zirkulation, besonders in Verbindung mit den Speichern, diente. Dadurch wurde eine Speisewassertemperatur von 100° C möglich. Die Aufgabe, das fast kochende Wasser in den Kessel zu speisen, lösten wir durch eine für diesen Zweck neuentwickelte Henschel-Barske-Pumpe der Bauart B mit Turbinenantrieb. Dieser Einheit fiel noch die weitere Aufgabe zu, das Kaltwasser in den oben in der Rauchkammer angeordneten Mischkasten zu heben. Dazu diente ein kleiner Läufer auf der verlängerten Pumpenwelle.

Das klingt alles sehr einfach, aber es waren doch einige Anfangsschwierigkeiten mit dieser ganz neu konstruierten Pumpe und bei ihrem Zusammenwirken mit dem Vorwärmer zu überwinden. Die Stückliste der Pumpe umfaßte etwa 130 Positionen, und im Laufe der Zeit wurden an vielen von ihnen noch Verbesserungen nötig, sei es im Schmierölumlauf oder beim Schnellschluß gegen Überdrehzahlen. Sie konnten an sich nur eintreten, wenn der Förderwiderstand entfiel, etwa beim Reißen des Verbindungsschlauches der Zuleitung vom Tender. Die Pumpe benötigte und hatte keinen Drehzahlregler. Beim Anstellen stiegen Drehzahl und Druck, bis das Kesselrückschlagventil sich öffnete. Dann beherrschte der Kesseldruck die auftretende Drehzahl, die im Bereich von 11 000 bis 12 000 U/min lag. Gegenüber den Turbolichtmaschinen, die mit 3000 U/min laufen, erschien dies manchen Eisenbahnern sehr hoch. Es ergaben sich daraus aber bei dieser und allen anschließend entwickelten Turbospeisepumpen niemals Schwierigkeiten. Wichtig war, daß auch siedendes Wasser ohne Störungen oder Kavitationserscheinungen einwandfrei gefördert werden mußte.

Die bei einer Neukonstruktion üblichen Anfangsschwierigkeiten wurden bei ausgedehnten Betriebsfahrten und bei der Erprobung durch das Lokomotiv-Versuchsamt Minden (Westfalen) bald überwunden. An zahlreichen Fahrten habe ich selbst teilgenommen. Die Zusammenarbeit mit allen Bahndienststellen war wie immer ausgezeichnet. Die Leitung unseres Prüffeldes hatte damals Dr.-Ing. Heinrich Küttner, später Professor in Braunschweig.

Der Henschel-Mischvorwärmer wurde in namhaftem Umfang bei den Reihen 52, 42, 44, 65, 66, 82 und bei fünf Loks der Baureihe 01 eingebaut. Der Mischkasten erhielt dabei verschiedene Ausführungen, teils mit gewölbter, teils mit flacher Decke, auch wurde er auf der Suche nach günstiger Formgebung und Anordnung in Dreitrommelform und auch in einem abgeteilten Raum des Tenderwasserkastens untergebracht. Die Normalausführung bestand aber in der Rauchkammeranordnung.

Die Entölung des dem Mischbehälter zugeführten Abdampfes machte keine Schwierigkeiten. Die ganze Konzeption hat sich bestens bewährt. Erwähnt sei noch, daß parallel zur Henschel-Bauart auch andere Mischvorwärmer, dann jedoch in Verbindung mit Kolbenpumpen, zur Anwendung gelangten, und zwar von Heinl und Knorr. Die meisten Kriegs- und Nachkriegslokomotiven behielten aber den konventionellen Oberflächenwärmer bei. Für diese Betriebsform haben wir ebenfalls zahlreiche Turbopumpen geliefert, die dann wegen der Kaltwasserförderung keines Zusatzläufers bedurften. Die gesammelten Erfahrungen setzten uns dann in die Lage, unsere Turbopumpen auch bei den noch höheren Leistungsansprüchen der Südafrika-Kondenslokomotiven zu verwenden.

Weitere Arbeiten an der Dampflokomotive

Auch sonst befaßte sich meine Entwicklungsabteilung mit weiteren lokomotivtechnischen Aufgaben und Projekten. Dazu gehörten Studien über eine modernisierte Turbinenlokomotive, an der die Hauptverwaltung der Deutschen Bundesbahn Interesse zeigte. Bald nach dem Kriege hatte bereits der Turbinenfabrikant Kanis (früher Brückner & Kanis, Dresden, die seinerzeit die Turbinen für die Walter-U-Boote gebaut hatten) eine Studie für eine Turbinenlokomotive vorgelegt, die unseren Kondenstender einschloß.

Unser Entwurf sah eine sechsachsige Tender-Schnellzuglok für F-Züge vor, deren Turbinenantrieb mit Leistungsverzweigung arbeiten sollte. Dazu wurden zwei Achsen des einen Drehgestells über einen Drehmomentwandler angetrieben, im anderen Drehgestell die beiden Achsen direkt. Die Bezeichnung dieser Lok hätte (1A1) B' gelautet. Das Projekt war ferner darin ungewöhnlich, daß wir zur Verbesserung des thermischen Wirkungsgrades eine sehr hohe Dampftemperatur von etwa 700° C wählten. Diese sollte dadurch verwirklicht werden, daß in die Verbrennungskammer des im übrigen in Stephensonbauart geplanten Kessels senkrechte Überhitzerschlangen aus hochwärmefestem Werkstoff eingehängt würden.

Die bei dem gewählten Frischdampfzustand hohe Abdampftemperatur sollte in einem mehrstufigen Speisewasservorwärmer verwertet werden. So hofften wir, eine beträchtliche Brennstofferparnis zu erzielen, wobei noch offen blieb, ob mit Kohle- oder Ölfeuerung. Die Anlage war ohne Vakuumbetrieb gedacht. Diese fraglos sehr fortschrittliche Version wurde dann aber auf Wunsch unserer Geschäftsführung nicht weiter verfolgt, da die sicher länger andauernde Entwicklungszeit im Lichte der für hohe Fahrgeschwindigkeiten zukunftsträchtigeren elektrischen Traktion nicht mehr als genügend aussichtsreich beurteilt wurde.

Eine Sonderausführung für die konventionelle Dampflokomotive verdient aber noch besondere Erwähnung. Herr Witte trat damals mit der Aufgabe an uns heran, eine gegenüber dem konventionellen Blasrohr fortschrittliche Saugzuganlage zu entwickeln. Ziel war eine Leistungssteigerung der Baureihe 01. Man war sich von vornherein klar, daß bei dieser Aufgabenstellung Dampf und

Rauchgase nicht getrennt auszutreten brauchten, da der Abdampf nicht wie bei einer Kondenslokomotive zurückgewonnen werden sollte. Rauchgas- und Abdampfstrom konnten deshalb miteinander vermischt werden.

Nach einem Vorschlag von Herrn Hany konstruierten wir die Saugzuganlage so, daß der gesamte Abdampf in ein Gebläserad mit hohlen Schaufeln geleitet wurde, das durch die eintretenden Reaktionswirkung in Umdrehung gesetzt wurde. Der Läufer war nach dieser Idee also gleichzeitig Turbine und Gebläse. Hierbei wird noch die Energie des aus dem Rad austretenden Dampfes zu einer Strahlwirkung genützt.

Der schlechte Wirkungsgrad des üblichen Blasrohres ist durch den hohen Stoßverlust bedingt, der beim Zusammentreffen des Abdampfes mit den seitlich zustromenden Rauchgasen auftritt. Bei der neuen Art der Mischung von Rauchgas und Dampf wurden die Stoßvorgänge erheblich verbessert. Dieses Gebläse wurde in die Lokomotive 01 077 eingebaut und bewährte sich sehr gut. Der benötigte Abdampfdruck lag weit unter dem sonst üblichen Blasrohrdruck. Die Maschine wurde 1955 mit Meßwagen und Bremslok auf der Strecke von Kassel nach Marburg untersucht. Bei diesen Probefahrten zeigte sich, daß die Feueranfachung und damit die Dampferzeugung des Kessels nicht mehr wie beim Blasrohr durch die Saugzuganlage begrenzt war. Die Lok konnte mühelos bei 100 km/h mit 50 Prozent Füllung gefahren werden. Damit war die Forderung des Zentralamtes voll erfüllt.

Die Lokomotive kam dann zunächst zum Maschinenamt Würzburg. Im Winter 1955/56 hörten wir von dort Klagen, daß die Lok sich in Dampfwolken einhüllte, die das Personal in der Signalbeobachtung behindere. Man vermutete dort die Ursache in einer unzureichenden Wirkung der neuen Konzeption. Wir nahmen deshalb an einer Betriebsfahrt von Würzburg nach Treuchtlingen vor dem D-Zug Kassel — München teil, die bei einer Außenlufttemperatur von —30° C im Januar 1956 stattfand und diese Beobachtung erst einmal bestätigte. Die Untersuchung der Lok ergab dann, daß es nicht an der neuen Sauganlage lag, sondern an einer inzwischen in der Abdampfführung des Zylinderblocks eingetretenen Undichtigkeit. Damit war diese Beanstandung völlig geklärt und wurde abgestellt. Die Maschine war später beim Bw 2 des Frankfurter Hauptbahnhofes eingesetzt. Weitere Ausrüstungen mit dieser sehr bemerkenswerten Neuerung kamen durch das Ausklingen des Dampflokomotivbaues leider nicht mehr zustande.

Vom Ende des Dampflokomotivbaues

Mit der Zunahme der elektrischen und Dieselzugförderung fielen nach 1957 keine weiteren Aufgaben auf dem Gebiete der Dampflokomotive an. Auf die häufig gestellte Frage, wann die Firma sich entschlossen hätte, den Dampflokomotivbau einzustellen, konnte man nur erwidern, daß dieser 1957 nach einer letzten großen Lieferung von Garratt-Lokomotiven an die SAR und von Meterspur-Lokomotiven nach Indien von selbst aufhörte. Dieser Wandel traf die Firma aber wohl gerüstet. Schon Jahrzehnte war Henschel auf dem Gebiete der elektrischen Lok und der Diesellok erfolgreich tätig: Die erste Elloklieferung von Henschel ging schon 1910 an die Französische Südbahn. Nach beachtlichen Vorkriegslieferungen von Elloks für Haupt- und Industriebahnen hat die Firma, sobald der Neubau von Lokomotiven nach Kriegsende wieder zugelassen war, drei der ersten fünf Prototypen der Baureihe E 10 der Deutschen Bundesbahn gebaut und auch die Baureihe E 41 des neuen Typenprogramms entwickelt.

An den Entwicklungen und Aufträgen in diesen Bereichen war ich nicht beteiligt. Natürlich hatte ich mich, soweit Zeit und Möglichkeit reichten, schon aus lokomotivtechnischem Interesse auf dem Laufenden gehalten. Erlebnisse auf diesem Gebiet beschränkten sich aber auf einige Missionen, mit denen mich die Firma in Übersee betraute. So konnte ich 1949 in Amerika den ersten Kontakt mit der Electro Motive Division von General Motors in La Grange herstellen, dem später Firmenverhandlungen und ein Lizenzvertrag zwischen Henschel und GM folgten. 1957/58 nahm ich an Verhandlungen mit den Ghana Railways teil, die zu Aufträgen über 18 Henschel-GM-Lokomotiven TT 12 von 1450 PS und 6 dieselhydraulischen Rangierlokomotiven der Henschel-Bauart DH 500 führten. Durch die hiermit verbundenen Reisen lernte ich auch das äquatoriale Afrika mit seinem Tropenklima kennen sowie Land und Leute in der ersten Unabhängigkeitszeit der Goldküste und Nigerias, auch Togo konnte ich besuchen. So gewann ich in die geschichtliche und wirtschaftliche Entwicklung dieser Länder einen sehr interessanten Einblick, der mein Bild der afrikanischen Probleme vielseitig ergänzte.

Der Henschel-Dampfkessel

Aufgabe einer Entwicklungsabteilung muß es nach meiner Auffassung auch sein, sich aus eigener Marktbeobachtung um neue Objekte zu bemühen, die das Fertigungsprogram der Firma erweitern können. Die Entwicklung der Henschel-Dampfkessel ist hierfür ein Beispiel.

Bei einer Reise nach den USA Ende 1949, die Angelegenheiten auf dem Gebiet der Diesellokomotive galt, hatte ich auch die Superheater Company in Chicago aufgesucht, um Bekannte aus den dreißiger Jahren wiederzusehen. Bei dieser Gelegenheit wurde mir das von dieser Firma neuentwickelte ölgefeuerte Kesselsystem für die Beheizung von Reisezügen bei Dieseltraktion gezeigt und vorgeführt. Zunächst dachte ich an eine Lizenznahme, da ja in Deutschland ebenfalls mit einem vermehrten Einsatz von Diesellokomotiven im Reisezugverkehr zu rechnen sein würde. Um meine Orientierung abzurunden, sprach ich in New York auch mit Angehörigen der Firma Vapor Heating, deren Bauart schon in erheblichem Umfang bei den amerikanischen Bahnen eingeführt war.

Nach meiner Rückkehr erkundigte ich mich bei der Deutschen Bundesbahn, welchen Standpunkt diese bei der zu wählenden Bauart einnehmen würde. Ich wies darauf hin, daß Henschel durch die jahrelange Beschäftigung mit Dampferzeugern der Doble-Bauweise bereits über reiche Erfahrungen mit automatisch gesteuerten Schlangenrohrkesseln verfügte. Die DB machte damals jedoch gegen ein solches System geltend, daß ein schnelles Zusetzen der Rohre zu befürchten sei und man nicht, wie es in den USA dann oft geschah, die Rohrschlangen einfach erneuern wolle. Das Vaporsystem trifft durch seinen funktionellen Aufbau hiergegen zwar Abhilfe, die Meinung bei der DB lag jedoch mehr zugunsten eines Wasserraumkessels, der in bei Lokomotiven üblicher Weise gereinigt werden könne.

Wir machten uns deshalb an die Arbeit. Hierbei fanden wir nicht gleich die dann später endgültige Ausführung. Nach Erprobung ziemlich unterschiedlicher Rohranordnungen entwickelten wir schließlich eine Bauweise, bei der nach Vorschlag von Herrn Hany die Heizrohre zwei konzentrisch zueinander angeordnete senkrechte Trommeln bildeten. Darin wird der Heizgasstrom durch einen vertikalen Schlitz in jeder Trommel vom innengelegenen Brennraum quer zur Kessellängsachse zum Außenmantel geführt. Den Prototypkessel mit dieser Heizflächenanordnung führten wir dem Bundesbahn-Zentralamt auf unserem Prüfstand vor, worauf von der Bahn eine Serie von acht Stück in Aussicht genommen wurde.

Inzwischen hatte die Vapor Heating europäische Lizenznehmer gefunden und sich bei der Bundesbahn für ihr System eingesetzt, und es gelang ihr, die bestehenden Bedenken auszuräumen. Die Folge war, daß die DB sich für das amerikanische System entschied und unseren Vorschlag verwarf. Wir haben jedoch bei einigen deutschen Privatbahnen unsere Kesselbauart mit Erfolg in Diesellokomotiven eingebaut, doch war dieser Markt natürlich als Fertigungsgrundlage zu begrenzt.

Diese Situation brachte mich auf den Gedanken, die so entstandene Henschel-Konstruktion für ortsfeste Bedarfsfälle zu verwerten. Mit einer zunächst gebauten Nullserie von zehn Kesseln sammelten wir dann die bei einer solchen Neuerung stets notwendigen Erfahrungen, die insbesondere die Weiterbildung der automatischen Feuerung betrafen. Auf dem stationären Gebiet hat sich hieraus dank der Qualität dieser Bauart dann ein großes Geschäft für die verschiedenen Anwendungszwecke entwickelt. Bis heute sind von dieser als HK-Kessel bezeichneten Konstruktion etwa zehntausend Stück in verschiedenen Baugrößen mit Öl- und Gasfeuerung geliefert worden. Der kleinste Typ war für 200 kg/h, der größte für 3000 kg/h ausgelegt. Als Anfang der sechziger Jahre Bedarfsfälle für noch größere Leistungen an uns herantraten, hat die Firma noch weitere Bauarten geschaffen, da die HK-Form für Leistungen über 3 t/h

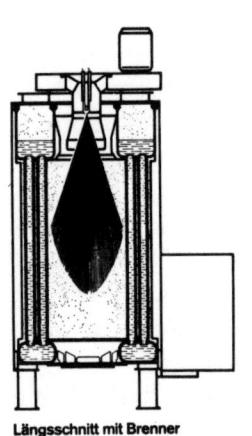

Längsschnitt mit Brenner

Der Henschel-Dampfkessel des Types HK,
ein stehender Wasserrohrkessel mit Naturumlauf.

152

Dampf keine optimale Lösungen zuließ. Im Laufe der Entwicklungen wurden, wo gewünscht, diese Dampferzeuger, deren Betriebsdruck im allgemeinen 12 atü betrug, auch mit Überhitzer geliefert.

Diese Entwicklungsgeschichte zeigt, wie ein erfolgreiches neues Fabrikat auch ohne absichernde, voraufgegangene Marktanalysen entstehen kann. Auf diese wird als Entscheidungsvorbereitung zunehmend ausschlaggebendes Gewicht gelegt. In unserem Falle hätte sie zu der Feststellung geführt, daß in der Bundesrepublik Deutschland sich bereits etwa zwanzig Firmen mit dem Bau von Kesseln für Heizdampf und Warmwasserbereitung befaßten, und daß die Aussichten für einen Neuanfänger daher praktisch gleich Null sein würden. Ich erinnere mich aber, daß die Firma um die Mitte der sechziger Jahre über 30 Prozent des Inlandsmarktes beliefert hat, wozu noch ein beträchtlicher Absatz in europäische Länder und auch nach Übersee hinzukam. Mit dieser Feststellung soll natürlich nicht generell an dem Wert von Marktanalysen gezweifelt werden. Es gibt aber auch Umstände, die von einer zahlenmäßigen Erhebung nicht recht erfaßt werden können. Bisher wurden über 10 000 Kessel gebaut.

Beim Henschel-Kessel spielte die besonders gut geglückte Konstruktion eine wichtige Rolle, die sich für das Verkaufsergebnis nicht nach irgendeiner Methode im Voraus zuverlässig abschätzen läßt. Diese Situation wurde in einem anderen Falle einmal durch die Worte ausgedrückt, daß man ohne Wagnisse auch nicht zu unerwarteten Erfolgen kommen kann.

Ausrüstungsteile für Kernkraftwerke

Von diesen — wenn auch nicht zum Fahrzeugbau zählenden — Bemühungen um zusätzliche Fertigungsgebiete will ich noch unsere Arbeit auf dem Gebiet des Reaktorzubehörs erwähnen. Im Jahre 1955 fand in Genf die erste Konferenz über die Anwendung der Kernenergie für friedliche Zwecke statt. An dieser habe ich, da ich gerade zum Urlaub in der Schweiz war — die einzige Ferienreise, die ich mit meiner Frau und meinen vier Kindern gemeinsam verlebt habe —, einen Tag teilgenommen, um eine Vorstellung von dieser internationalen Großveranstaltung zu gewinnen.

Über diese Absicht hatte ich vorher telefonisch das für mich zuständige Vorstandsmitglied, Dipl.-Ing. Karl Frydag, unterrichtet. Ich machte anschließend einen Bericht über meine Eindrücke von dem Umfang und die auch für Zulieferungen auf diesem Gebiet interessanten Aspekte. Diese Fühlungnahme wurde von der übrigen Geschäftsführung der Firma zunächst nicht positiv aufgenommen, da man der Meinung war, daß dieses Gebiet für die deutsche Industrie noch tabu sei.

Das hatte sich aber gerade seit 1955 geändert. Ich erhielt dann auch die Zustimmung, mit Firmen Fühlung zu nehmen, die sich mit dem Reaktorbau befassen wollten. Auch nahm ich an einigen einschlägigen Veranstaltungen teil, so an der internationalen Tagung in Knokke 1957.

Unsere Kontaktnahme über im Inland inzwischen entstandene Organisationen führte dann zu einem ersten Auftrag auf diesem Gebiet, bei dem die Firma für das von der AEG in Kahl am Main errichtete 15 MW-Kernkraftwerk den Reaktorspeisewasserbehälter, den Sperrwasserbehälter und den Elemente-Transportwagen mit Wechselflasche für die Aufnahme bestrahlter Brennelemente lieferte. Diesen Aufträgen sind weitere gefolgt, so daß die Firma heute über einen guten Erfahrungsschatz bei Ausrüstungsteilen für Kernkraftanlagen sowie für Einrichtungen zur Aufbereitung und Endeinlagerung von radioaktiven Abfällen verfügt. Auf dem konventionellen Sektor liefern wir auch einen Hochdruck-Prüfkessel der Henschel-Doble-Bauart an die AEG-Forschungsanstalt in Großwelzheim, heute eine KWU-Versuchsanlage.

IX. Meine Vorlesung „Eisenbahn-Fahrzeugbau" an der Technischen Hochschule in Darmstadt. Rückblick auf die sechziger Jahre. Heutige Aktivitäten

Meine Ernennung zum Honorarprofessor an der Fakultät für Maschinenbau der Technischen Hochschule Darmstadt im Jahre 1957 brachte mir viele Anfragen ein, ob ich bei Henschel ausgeschieden sei und nun nach Darmstadt ziehen würde. Offenbar war nicht allen klar, wie sich ein solcher Lehrauftrag in einem Berufsleben ausnimmt, das zwei verschiedene Tätigkeitsbereiche miteinander verbindet.

Im Laufe der Zeit war ich durch meine Arbeiten nicht nur mit den meisten Technischen Hochschulen in Beziehung getreten, sondern auch durch eine größere Zahl von Veröffentlichungen in Fachkreisen bekannt geworden. Schon ein Patenonkel hatte mir 1927 geraten: „Richard, Du mußt schreiben". Damit hatte es noch gute Weile, bis sich durch die Arbeit eben Vorträge und Aufsätze ergaben.

Beim Henschel-Jubiläum zur hundertjährigen Wiederkehr der Ablieferung unserer ersten Henschellokomotive der „Drache" im Jahre 1948, auf dem ich eine Ansprache hielt, lernte ich den damaligen Rektor der TH Darmstadt, Professor Dr.-Ing. F. Scheubel kennen. Er schnitt die Frage an, ob mich bei einer bevorstehenden Vakanz in Darmstadt eine Lehrtätigkeit auf dem Gebiet des Eisenbahnfahrzeugbaus reizen würde. Zufällig traten 1950 auch die TH Berlin-Charlottenburg und die TH München an mich heran, ob ich mich als Nachfolger von Professor Meineke beziehungsweise Professor Lotter um ein Ordinariat bewerben würde.

Nach reiflicher Überlegung teilte ich den Berufungsausschüssen jedoch mit, daß ich mich nicht entschließen könnte, meine mir ans Herz gewachsene Entwicklungstätigkeit bei Henschel zugunsten einer Hochschullaufbahn aufzugeben. Bei meiner Firma kam alles zusammen, was ein Ingenieurleben faszinierend und inhaltsvoll macht. Hier verbanden sich vielseitige Ziele und Aufgaben, die ich von der ersten Idee über Vorversuche, die konstruktive Lösung, den Bau, die Prüffelderprobung und auf der Strecke bis zur endgültigen Ausreifung in der Betriebspraxis durchführen konnte, wobei die Firma viel Freiheit zu Initiative ließ. Hierzu kamen noch viele acquisitorische und technische Aufgaben, die oft mit einer interessanten Auslandstätigkeit verbunden waren.

An sich war ich mir durchaus bewußt, welche reizvollen und vielseitigen Perspektiven auch Lehre und Forschung an einer Technischen Hochschule böten. Als mir daher die TH Darmstadt 1951 den Vorschlag machte, das von dem inzwischen emeritierten Ordinarius des Lehrstuhls für Fördertechnik, Professor Dr.-Ing. F. Hübener, wahrgenommene Gebiet des Eisenbahnfahrzeugbaus als zweisemestrigen Lehrauftrag zu übernehmen, war ich dieser Möglichkeit, Firmenarbeit und Hochschultätigkeit ohne Aufgabe meiner bisherigen Berufslaufbahn zu vereinigen, durchaus zugeneigt.

Mit Zustimmung von Herrn Henschel bin ich dann diesem Anerbieten gefolgt. Natürlich bedeutete der Aufbau eines Kollegs viel Extraarbeit, die ich in der mir verbleibenden Freizeit aufbringen mußte. Der Lehrauftrag sah zunächst einen Vorlesungstag pro Woche vor. Dieser Zeitplan wurde dann aber auf meine Bitte in einen vierzehntägigen Turnus abgeändert, so daß ich für diese Aufgabe nur alle zwei Wochen einen Tag zu reservieren brauchte. Hierfür wählte ich zunächst den Sonnabend und, nachdem dieser Wochentag nicht mehr für Vorlesungen zur Verfügung stand, den Montag, der es mir ermöglichte, schon sonntags anzureisen. Ich habe diesen Lehrauftrag „Eisenbahnfahrzeugbau" über 21 Jahre bis 1973 durchgeführt.

Terminlich ergaben sich dabei bei der Vorrangigkeit meiner Industriearbeit hin und wieder Schwierigkeiten, da ich oft monatelang zwischendurch in Übersee tätig war. Bei solchen Situationen hat mich mein Darmstädter Assistent und späterer langjähriger Mitarbeiter Dr.-Ing. E.-G. Kurek in dankenswerter Weise vertreten.

Der ständige Wandel auf diesem Technikgebiet erforderte eine laufende Anpassung des Vorlesungsinhaltes an die Realitäten. Während anfangs die Dampflokomotive noch einen breiten Raum einnahm, gewannen bald die Diesellokomotive und die elektrische Zugförderung das Übergewicht, bis schließlich, wie ich es einmal formulierte, die Dampflok — wenn auch zum Bedauern mancher Hörer — nur noch in Fußnoten vorkam.

Zum Lehrstoff gehörten auch Triebwagen sowie Reisezug- und Güterwagen, also Gebiete, bei denen ich mich noch einarbeiten mußte. Mit den einschlägigen Problemen wurde ich aber auch dadurch vertraut, daß ich in der Studiengesellschaft „Leichtbau der Verkehrsfahrzeuge" einen Forschungskreis leitete, in dem alle Fragen der Leichtbauweise in ihrer Wechselwirkung mit der Lauftechnik bei hohen Geschwindigkeiten in einem Kreise von Industrie-, Bundesbahn- und Hochschulspezialisten behandelt werden.

Neben den theoretischen Grundlagen habe ich den Hörern bei dieser Vorlesung Einblick in den Gang und die Schwierigkeiten von Neuentwicklungen, aber auch in Diagnose und Therapie vermitteln können, wie sie zuweilen selbst bei konventionellen Konstruktionen nötig sind. Die Studien- und Diplomaufgaben stellte ich vielfach über aktuelle Themen des Fahrzeugbaues. So wurde in einer Diplomarbeit für das sogenannte „Kleine Rad" von 600 bis 850 mm Durchmesser mit seinen Führungsproblemen in Doppelkreuzungsweichen das von der Deutschen Bundesbahn später allgemein, etwa bei den Autotransportwagen angewandte Radreifenprofil erarbeitet. Ich bin oft auch auf nicht rein technische Fragen der Berufsarbeit eingegangen und habe stets auf die Bedeutung von Sprachkentnissen hingewiesen, die für die Erfolgsaussichten eines Ingenieurs oft eine große Rolle spielen können.

Meine Lehraufgabe wurde sehr dankenswert auch von der Deutschen Bundesbahn unterstützt, die unter der Initiative von Abteilungspräsident, später Vizepräsident Dipl.-Ing. Adolf Dormann bei der Bundesbahndirektion Frankfurt am Main jährlich gut vorbereitete Exkursionen zu den verschienen Dienststellen des Betriebes und der Bundesbahnzentralämter organisierte. Ein besonderes Erlebnis, damals ein Höhepunkt, war auch die Fahrt mit dem 1965 bei der Internationalen Verkehrsausstellung in München erstmals mit 200 km/h planmäßig verkehrenden Zuge. Auch von Industrieseite wurde durch eingehende Werksbesichtigungen und innerbetriebliche Aussprachen eine gute Einführung in die Erfanrungs- und Bedarfswelt vermittelt. Dies wurde durch meine langjährigen Verbindungen, die sich über drei Generationen erstreckten, erleichtert. Als Lehrbeauftragter der TH Darmstadt wurde ich auch wiederholt zu Gerichtsgutachten bei Eisenbahnunfällen herangezogen.

Nun noch einmal kurz ein Blick auf die Jahre nach der Einstellung des Dampflokomotivbaus. 1958 übernahm Dr. h. c. Fritz-Aurel Goergen zunächst mit einem Teilhaber und drei Banken, sodann allein, die Firma. Die Familie Henschel schied aus dem traditionsreichen Unternehmen aus.

Unter dem neuen Vorstand führte ich die Entwicklungsabteilung als Direktor der nun Henschel-Werke A. G. benannten Firma in meinem bisherigen Aufgabenkreis weiter. Im Zuge einer Umorganisation wurde diese Abteilung 1962 jedoch aufgelöst und die mit der unmittelbaren Fertigung verbundenen Gebiete dem Lokomotivbau, die Heizkesselentwicklung dem Maschinenbau zugewiesen.

Damit entfiel für mich die jahrzehntelang gewohnte Durchführung von Neuerungen unter eigener Leitung. 1963 wurde eine besondere Stabsabteilung gebildet, die sich vornehmlich mit der Beratung der Geschäftsführung für die Ausweitung des Fabrikationsprogramms zu befassen hatte. Zahlreiche Technikgebiete habe ich hierzu untersucht, auf die ich hier nicht näher eingehen kann. Ausführungsfunktionen lagen dabei aber nicht mehr in meiner Zuständigkeit, so daß diese Tätigkeit, wenn sie auch vielseitig blieb, sehr von der selbständigen Arbeitsweise bei der Durchführung von Neuerungen abwich, die ich durch Jahrzehnte gewohnt war. Diesen Aufgabenkreis habe ich bis zu meiner Pensionierung Ende 1966 wahrgenommen.

Damit hörte aber meine Arbeit auf dem Gebiet des Eisenbahnfahrzeugbaues noch nicht auf. Ich bin nach meinem Ausscheiden aus der Firma, die 1964 an die Rheinstahl AG, Essen, überging und heute Rheinstahl-Transporttechnik heißt, weiter mit technisch-wissenschaftlichen Aufgaben beschäftigt. Diese Arbeit ist zwar nicht Erinnerung, sondern tätige Gegenwart; ich meine aber, daß ein kurzer Hinweis in dieser Darstellung meines Erlebnisbereiches nicht fehlen sollte, zumal diese Aktivitäten auf meine lange Berufsarbeit und Erfahrung aufbauen. Meine Vorlesungen an der TH Darmstadt habe ich noch bis 1973 wahrgenommen. Heute wirke ich noch in der Studiengesellschaft „Leichtbau der Verkehrsfahrzeuge" mit, in der ich seit 1961 den Forschungskreis „Leichtbau und Laufruhe" und zusätzlich seit 1973 den Forschungskreis „Leichtbau im Ausland" leite. Diese technisch-wissenschaftliche und schriftstellerische Arbeit betrifft auch Probleme, die die heute angestrebten Fahrgeschwindigkeiten bis 300 km/h mit sich bringen, zu deren Lösung die Studiengesellschaft in Zusammenwirken mit der Bundesbahn, der Fahrzeugindustrie und Hochschulinstituten beiträgt.

Nicht unerwähnt möchte ich auch meine Tätigkeit im Verein Deutscher Ingenieure lassen, dessen Nordhessischen Bezirksverein ich bis in die sechziger Jahre wiederholt als Vorsitzender geleitet habe. Außerdem bin ich Mitglied weiterer technischer Vereinigungen. Von der Institution of Mechanical Engineers, London, der ich über ihre Railway Division angehöre, wurde mir der Grad eines Fellow der Institution verliehen. Viele Jahre war ich auch Mitglied im Verwaltungsrat des Deutschen Museums in München, mit dem ich auch heute noch in reger Verbindung stehe.

X. Schlußwort

Die Anregung, dieses Buch zu schreiben, bot mir eine willkommene Gelegenheit, die Entstehungsgeschichte einiger technischer Neuerungen zu schildern, wie sie aus dem Schrifttum nicht rekonstruiert werden könnte. Bei dem gesteckten Rahmen, der auch persönliche Erinnerungen umfassen sollte, war es leider nicht möglich, auf die „Konstruktion" als solche näher einzugehen. Diese ist und bleibt jedoch das Fundament des Ingenieurschaffens und die Voraussetzung des Erfolges.

Mein Bericht will auch einen Eindruck von der großen und vielseitigen Entwicklungsfreudigkeit der Firma Henschel & Sohn vermitteln, ihrer Bereitschaft, neue Wege zu beschreiten und manches technische Risiko auf sich zu nehmen. Hierbei möchte ich des aufgeschlossenen Interesses gedenken, das der oberste Repräsentant des Hauses, Oscar R. Henschel, neuen Zielsetzungen entgegenbrachte. Die Geschäftsleitung ließ mir bei den zahlreichen Entwicklungsarbeiten große Selbständigkeit und brachte mir bei deren Durchführung und den zuweilen auftretenden Schwierigkeiten stets volles Vertrauen in den Enderfolg entgegen. Natürlich hat es im Laufe der Jahre nicht an inneren und äußeren Problemen gefehlt. Der Tenor blieb aber während der Zeit, in der ich das Studienbüro und die Entwicklungsabteilung leitete, immer positiv. Bei Henschel habe ich alle guten Voraussetzungen für eine sehr befriedigende Lebensarbeit gefunden. Ich konnte mich daher auch nie dazu entschließen, auf Angebote von anderer Seite einzugehen. Zudem hatte ich das Glück, hervorragende Ingenieure als Mitarbeiter zu gewinnen, mit denen mich in einer an technischen Problemen und äußeren Schwierigkeiten reichen Zeit durch Freuden und Sorgen ein auf gegenseitiges Vertrauen gegründeter Gemeinschaftsgeist verbunden hat.

Es war nicht leicht, auf geringem Raum von den Arbeiten zu berichten, die mich durch vier Jahrzehnte beschäftigt haben. Bei der Durchsicht der Niederschrift wird mir bewußt, daß es noch manches zu ergänzen gäbe. Ich denke dabei weniger an rein technische Daten oder interessante zeichnerische Darstellungen, sondern an weitere Beispiele, wie wir mit Unvorhergesehenem fertiggeworden sind. Auch die laufende Verbesserung der Konstruktionen an Hand von Beobachtungen und Erfahrungen würde hierzu gehören. Ich hoffe aber, daß diese Ausführungen trotz ihrer Kürze eine lebendige Vorstellung von der Arbeit eines Entwicklungsingenieurs vermitteln und einen nützlichen Beitrag über die Ingenieursarbeit im allgemeinen und zur Technikgeschichte darstellen.

XI. Literaturverzeichnis (Auswahl)

Turbinenlokomotiven

„Die Turbinenlokomotiven"
H. Nordmann
Monatsschrift der Internationalen
Eisenbahn-Kongreß-Vereinigung Brüssel, 1930

„Abdampfturbinen-Triebtender"
Glasers Annalen, Jubiläums-Sonderheft 1927,
S. 526

„Dampfturbinen-Lokomotiven"
R. Ostendorf
Franckh'sche Verlagshandlung 1971

Die Kohlenstaublokomotive

„Pulverized Fuel Burning in Locomotives"
R. Roosen
Journal of the Institution of Locomotive
Engineers, London, 1929 S. 1—28
(Diskussion S. 28—39)

„The Stug-System of Pulverized Fuel
Firing on Locomotives"
R. Roosen
Journal of the American Society of
Mechanical Engineers, New York, 1930

„Kohlenstaubfeuerung auf Lokomotiven
der Reichsbahn nach dem STUG-System"
R. Roosen
Rauch und Staub, 1930, S. 55

„Kohlenstaub-Lokomotiven"
Kurt Pierson
Franckh'sche Verlagshandlung 1967

Henschel-Doble-Dampffahrzeuge

„Neue Dampffahrzeuge"
K. Imfeld und R. Roosen
ZVDI, 1934, S. 65

„Der Henschel-Dampflastwagen"
H. Schleifenheimer
Organ für die Fortschritte des Eisenbahn-
wesens, 1935, S. 310

„Erfahrungen mit einem Dampftriebwagen"
P. Mauck
ZVDI 1936, S. 881

„Hochdruck-Kleinkessel mit Zwangsdurchlauf
für ortsfeste Anlagen"
R. Roosen
ZVDI 1941, S. 168—171

Die Henschel-Kondenslokomotive

„Eine Kolbenlokomotive mit Kondensation"
K. Imfeld
Henschel-Hefte 1932 (Februar) S. 1

„A New Condensing Locomotive"
K. Imfeld und R. Roosen
Railway Engineer, London, 1932, S. 230

„Condensing Goods Locomotive for Russia"
Railway Gazette, London, 1935/II, S. 675

„Abdampfkondensation durch Luftkühlung
auf Fahrzeugen unter besonderer Berücksichtigung des Leistungsbedarfs und der
Regelfähigkeit"
R. Roosen (Dissertation)
Forschung auf dem Gebiete des Ingenieur-
wesens, 1937, Heft 2

„Neue Henschel-Kondenslokomotiven
für Argentinien"
R. Roosen
Die Lokomotive, 1940, S. 81

„Henschel-Kondenslokomotive
der Rhodesischen Bahnen"
R. Roosen
Glasers Annalen, 1955, Nr. 3, S. 59—63

„Henschel-Kondenslokomotiven Class 25
der Südafrikanischen Bahnen"
R. Roosen und H. Hany
Eisenbahntechnische Rundschau, 1958,
S. 241—249

„Class 25 Condensing Locomotives on the
South African Railways. Design and
Operating Experiences"
R. Roosen
Journal of the Institution of Locomotive
Engineers, London
Bd. 1960/61, S. 243—263
(Diskussion S. 263—282)

Einzelachsantrieb für Dampflokomotiven

„Neuartiger Einzelachsantrieb für schnell-
fahrende Dampflokomotiven"
R. Roosen und U. Barske
Henschel-Hefte 15/1938, S. 27—34

„Der Einzelachsantrieb bei Dampf-
lokomotiven"
R. Roosen
ZVDI 1943, S. 89—102

„Schnellzuglokomotive mit Einzelachsantrieb"
R. Roosen
Technische Rundschau, Bern 1957, Nr. 8,
S. 5—7

„Die Stromlinien-Lokomotive mit Einzelachsantrieb, Betriebsnummer 19 1001
der Deutschen Reichsbahn"
H. Troche
Jahrbuch für Eisenbahngeschichte 1972

Henschel-Pumpen

„Schleuderpumpe mit umlaufenden Gehäuse"
U. Barske
ZVDI 1940, S. 373—376

„Einstufige Hochdruckschleuderpumpen"
R. Roosen
ZVDI 1959, S. 63—67

„Wirkungsgrad und Kavitationsverhalten
von einstufigen Hochdruck-Turbopumpen"
E. Dobner
Brennstoff-Wärme-Kraft 1961, S. 253—257

Allgemeines

„125 Jahre Henschel"
Herausgegeben von Henschel & Sohn AG,
Kassel, 1935

„20 000 Schriftquellen zur Eisenbahnkunde"
Zusammengestellt und bearbeitet
von Dr.-Ing. Kurt Ewald
Herausgegeben von Henschel & Sohn GmbH,
Kassel, 1941

„Betrachtungen zur wärmetechnischen Ver-
vollkommnung der Dampflokomotive"
R. Roosen
Brennstoff-Wärme-Kraft 1949, S. 143—148

„Watts Pionierpatent und die weitere
Entwicklung der Dampftechnik"
R. Roosen
Abhandlungen und Berichte des Deutschen
Museums 1969

Meinen Dank für Einzelauskünfte und die Durchsicht einiger Abschnitte des Buches möchte ich den Herren Harald Hany, Karl Thommen und Heinrich Carl, Kassel, sowie Dietrich Singelmann, Ottobrunn (früher bei BMW) aussprechen. Kim Ash, Johannesburg, verdanke ich manche Einzelangaben aus meiner Südafrikazeit. Durch Familie Rüggeberg, Gütersloh, und Herrn Karl Julius Harder, Westerholz bei Flensburg, erhielt ich Fotos und Aufzeichnungen über den Einsatz der Kriegs-Kondenslokomotiven im Osten und Westen. Weiterhin waren mir die Herren Theodor Düring und Ulrich Schwanck, Minden, behilflich. Eine gute Stütze hatte ich in dem Bibliothekar Friedrich Bender, Henschel/Kassel. Das bekannte Nachschlagewerk „20 000 Schriftquellen zur Eisenbahnkunde" von Kurt Ewald, Kassel, erwies sich wieder als nützliche Hilfe. Schließlich sei auch der Unterstützung durch die heutige Rheinstahl AG Transporttechnik in Kassel gedacht.

160